한국의 늪

생명의 땅, 습지를 찾아서

한국의 늪

글 강병국
사 진 최종수

2014년 7월 4일 초판 4쇄 발행
2006년 1월 13일 초판 1쇄 발행

펴 낸 이 이원중
펴 낸 곳 지성사
편집주간 경현주
편 집 김재희
디 자 인 이향란
출판등록일 1993년 12월 9일
등록번호 제10 - 916호

주 소 (122 - 899) 서울시 은평구 진흥로1길 4(역촌동 42-13) 2층
전 화 (02) 335 - 5494
팩 스 (02) 335 - 5496
홈페이지 www.jisungsa.co.kr | 지성사.한국
이 메 일 jisungsa@hanmail.net

ISBN 89 - 7889 - 130 - 6(03470)

후 원 (재)교보생명교육문화재단, (재)한국환경민간단체진흥회

이 도서의 국립중앙도서관 출판시도서목록(CIP)은 e-CIP 홈페이지(http://www.nl.go.kr/cip.php)에서
이용하실 수 있습니다.(CIP제어번호: CIP2006000068)

생명의 땅, 습지를 찾아서

한국의 늪

글 강병국 · 사진 최종수

지성사

생명을 낳고 기르는 곳 … 습지

"생명이 있는 모든 동식물은 우리의 형제입니다." 2005년 2월 어느 날 브라질 아마존 열대림에서는 한 발의 총성이 울려 퍼졌습니다. 벌목을 반대하던 도로시 스탱 수녀가 불법 벌목업자들에게 청부 살해된 것입니다. 환경을 지키기 위한 숭고한 정신이 무참히 짓밟히는 순간이었습니다. 이 사건은 자연 생태계를 보전하려는 노력이 얼마나 힘겹고 처절한가를 보여 주었습니다.

세계 최대 수량을 자랑하는 아마존은 길이가 장장 6800km로 남아메리카 대륙을 횡단합니다. 아마존은 1000개가 넘는 지류와 3만 종이 넘는 동식물이 서식하고 있는 지구의 허파이며 심장입니다. 지구촌 가족들에게 필요한 산소의 25%를 공급해 주는 아마존 산림 중 2만 6130km^2가 2005년 말 현재 사라졌고, 지금 이 순간에도 매일 축구장 100개 크기의 밀림이 농작물 재배와 도로 건설 따위의 이유로 벌목되고 있습니다. 이처럼 열대림 같은 서식지가 파괴됨으로써 지구촌에는 조류의 20%, 양서류의 30%, 포유류의 20%가 멸종 위기에 처해 있으며, 바닷물고기 종류는 남획으로 인해 90%가 고갈되었습니다.

습지는 수많은 생명이 태어나고 자라고 분해되는 하나의 생태계이고, 수질을 정화시키는 자연의 콩팥이며, 아름다운 경관과 소리와 움직임을 창조하는 종합예술가입니다. 그래서 습지를 다양한 생물종이 모여 있는 보고요, 살아 있는 곤충박물관이자 새들의 낙원이라 부르기도 합니다.

우리나라 내륙습지(늪)는 북방계 희귀 식물이 많다는 강원도 인제군의 대암산 용늪, 우리나라에서 가장 규모가 크고 오래된 경남 창녕의 우포늪, 한반도 지형이 발달한 과정을 해석할 근거가 된다는 울산의 무제치늪을 비롯해 헤아릴 수 없을 정도로 많습니다.

또한 연안에는 갯벌이 잘 발달해서 서남해안은 세계 5대 갯벌에 포함될 정도입니다.

끝이 보이지 않게 펼쳐진 전남 순천만 습지의 갈대숲 사이를 겨울철 흑두루미와 저어새, 검은머리갈매기 무리들이 한가롭게 갯벌을 헤집고 다니는 모습은 한 폭의 그림처럼 아름답습니다.

3000만 평(99.174km^2)에 달하는 드넓은 부산의 낙동강 하구 습지는 뭍에서 풍부한 영양 물질이 흘러들어 우리나라 천연기념물

조류 45종 가운데 40%에 해당하는 19종이 살고 있고, 멸종 위기에 처한 새만도 25종이나 관찰되었습니다.

그런데 이렇게 아름다운 습지들이 점점 줄어들고 있습니다. 경제적인 이익을 구실로 흙을 퍼와 메우거나 훼손시켰기 때문입니다. 인간에 의해 자연(습지)이 어떻게 파괴되는가는 새만금 간척지에 가 보면 알 수 있습니다. 지난 1994년 당시 동양 최대 규모인 12.7km의 시화호 둑막 공사가 준공되었는데, 2년이 채 지나가기도 전에 시화호는 썩은 물이 되어 우리에게 돌아왔습니다.

선진국에서는 이미 개발의 흔적을 없애고 자연을 되살리려는 노력을 기울이고 있습니다. 간척의 나라로 알려진 네덜란드는 1992년부터 둑을 허물어·간척 농경지를 다시 습지로 되돌렸습니다. 스위스는 곧게 쭉 뻗은 모양으로 만들었던 하천을 꼬불꼬불한 원래 모습대로 되돌리는 사업을 벌이고 있습니다. 물난리를 막아 보자고 하천을 직선 모양으로 바꾸었다가 강바닥이 깎여 나가는 바람에 둑에 금이 가 오히려 홍수 피해가 커졌다는 것입니다. 게다가 물 깊이(수심)가 단조로워 물속 생태 환경이 파괴되었습니다.

그래서 스위스에서는 바닥이 내려앉는 것을 막으려고 해마다 엄청난 돈을 들여 돌과 자갈, 모래 들을 강바닥에 쓸어 넣다가 결국은 아예 강을 복원시키기로 한 것입니다. '라인강의 기적'을 일군 독일은 100년 전에 쌓았던 콘크리트 둑을 쉴 새 없이 헐어 내고 있는데, 이것 역시 파괴된 생태계를 복원시키려는 작업입니다.

이 땅의 아름다운 습지는 우리들만의 것이 아닙니다. 단지 다음 세대들에게 잠시 빌려 쓰고 있을 뿐입니다. '생명이 있는 모든 동식물은 다 우리의 형제'이기 때문에 뭇 생명들의 삶의 터전인 습지를 훼손할 권리는 누구에게도 없습니다. 훼손되거나 파괴된 습지를 되살리는 일은 우리에게 주어진 사명이기도 합니다.

이 책에서 부족한 사진은 국제신문 사진부와 한국생태사진가협회 회원의 일부 도움으로 채울 수 있었습니다.

자, 그럼 이제 생명의 소용돌이이자 자연의 콩팥인 습지를 찾아 함께 여행을 떠나 볼까요?

2005년, 순천만 드넓은 갯벌에 서서

강 병 국

차 례

생명의 땅 습지

달포늪 전경.

:: 물을 머금은 땅

습지는 간단하게 말하면 물을 담고 있거나 머금고 있는 땅입니다. 물이 흐르다 고이는 과정이 오랫동안 반복되면 습지가 생겨납니다. 한마디로 습지란 '물기가 있는 축축한 땅'이지요. 우리가 흔히 떠올릴 수 있는 늪도 습지의 하나입니다. 습지는 다양한 생물들이 생산과 소비의 균형을 이루고 있는 아주 중요한 생태계랍니다.

습지는 우리가 살고 있는 지구 표면의 6%를 차지합니다. 대개 자연적으로 생겨나지만 사람들이 인공적으로 만든 것도 있습니다. 오랫동안 지속되는 영구적인 습지도 있지만, 잠깐 생겼다가 사라지는 일시적인 습지도 있습니다. 물이 항상 고여 있는 습지도 있고 흐르는 습지도 있습니다. 염분이 없는 민물인 담수로 된 습지도 있고, 바닷물과 민물이 섞여 있어 염분이 적은 기수로 된 습지도 있으며 바닷물인 염수로 된 습지도 있습니다.

그러니까 물이 고여 있거나 흐르거나 상관없이 '항상 물기를 머금은 땅'을 습지라고 할 수 있겠군요. 습지를 보전하는 가장 좋은 방법은 사람 손이 타지 않도록 자연 그대로 놓아 두는 것이랍니다.

:: 습지를 정의 내리는 세계의 눈

습지에 대한 정의는 나라마다 다르지만, 대부분의 나라는 1971년 2월 이란에서 채택된 람사협약에서 정한 기준을 따릅니다. 우리나라도 람사협약(습지 보전 국제 협약)에서 정한 기준에 따라 습지보전법을 제정했습니다.

그렇다면 람사협약에서는 습지를 어떤 기준으로 정하고 있을까요?

람사협약에서 습지라고 규정하는 것은 우리가 보호하고 지켜야 할 습지를 말합니다. 그래서 어떤 습지를 막론하고 생물 · 지리학적으로 특이성이 있거나 희귀 동식물 종이 사는 서식지여야 하고, 특히 물새 서식지로서 중요성이 있는 습지이어야 합니다. 물이 질퍽거리기만 한다고 다 보호하지는 않는다는 얘기지요.

첫 번째로 습지를 선정하는 범주는 특정한 생물 · 지리학적 특성이 잘 나타나는 자연 혹은 그에 가까운 상태인 곳입니다.

가시연꽃은 한여름에 크고 넓게 펴진 가시연 잎을 뚫고 나옵니다. 아래는 우포늪에서 체험학습을 하고 있는 어린이들.

목포늪(위)과 노랑부리저어새.

람사협약

람사협약의 정식 명칭은 '물새 서식지로서 특히 국제적으로 중요한 습지에 관한 협약(Convention on Wetlands of International Importance especially as Waterfowl Habitat)'이다. 여기서 물새란 생태학적으로 습지에 의존하는 조류를 가리킨다. 이 협약은 1971년 2월 2일 이란의 아름답고 작은 해안도시 람사(Ramsar)에서 18개국이 모인 가운데 채택되었고, 본부는 스위스의 글랜드에 두고 있다. 보통은 짧게 람사협약이라고 부른다. 근본적으로는 물새가 서식하는 습지대를 국제적으로 보호하기 위해 체결되었고, 1975년 12월 12일에 정식으로 발효되었다. 2005년 현재 148개국이 가입되어 있고, 람사협약에 등록되어 있는 습지는 전 세계 1422개소이다.

우리나라는 1997년 7월 28일에 101번째로 가입했는데, 지금은 전국에서 3곳이 습지로 지정된 상태이다. 강원도 양구군 대암산 용늪이 1997년 첫 번째로 등록되었고, 이어서 1998년에 경남 창녕의 우포늪이, 2005년 5월 말에 전남 신안군의 장도 습지가 등록되었다. 그리고 람사협약의 당사국들이 모여 환경 문제를 논의하는 람사총회는 '환경올림픽'으로 불릴 정도로 규모가 크고 중요한 총회로 알려져 있다. 2008년 제10회 람사총회는 우포늪, 주남저수지, 화엄늪 등 습지가 많은 우리나라 경상남도가 개최지로 확정되었다.

주요 하천이나 하천 유역으로서 수문학 · 생물학 · 생태학적으로 중요한 자연 기능을 하는 습지, 국경 부근에 위치한 습지가 여기에 속해요. 이렇게 희귀하거나 특이한 형태를 띠는 습지는 반드시 선정하여 보호합니다.

두 번째는 동식물에 근거한 것으로, 희귀하거나 생존력이 약해서 멸종될 위험이 있는 동식물 종 또는 그 아류 종이 집단으로 서식하는 습지는 반드시 보호한다는 의지를 담은 것입니다. 동식물 종의 유전적 · 생태적 다양성을 유지시키고 지역 고유의 동식물 종 또는 군집 서식지로서 특별한 가치를 지닌 습지들이 여기에 속해요.

세 번째는 물새에 근거한 것인데, 물새가 2만 마리 이상 정기적으로 서식하는 습지는 반드시 보호한다는 기준을 정한 것이지요. 2만 마리가 안 되더라도 특정한 물새의 종 또는 아류 종이 전 세계 서식 수의 1% 이상 정기적으로 서식하는 습지는 범주에 포함시키고 있습니다.

습지는 지구상에서 가장 많은 생물들이 살 수 있는 생태계입니다. 각종 무척추동물과 물고기, 새, 곤충, 포유류, 식물 그리고 플랑크톤처럼 아주 작은 생물들까지 살 수 있도록 서식처를 제공하고, 영양이 풍부한 생식 환경을 만들어 줍니다.

낙동강 하구에 엽낭게들이 갯벌을 기어다니고 있습니다.

:: 내륙습지와 연안습지

습지는 크게 육지나 섬에 있는 늪, 저수지, 강 언저리나 냇가 모두를 통칭하는 내륙습지와, 해양에 속해 있는 갯벌을 중심으로 한 연안습지로 나눌 수 있습니다. 우리나라 습지보전법에서도 이 두 가지로 구분합니다. 내륙습지는 내수면습지, 연안습지는 해안습지라고도 부릅니다.

내륙습지는 비가 많이 오는 우기에 지형적인 원인 때문에 토양이 침수되거나 강물이 범람하면 침적되어 생겨납니다.

또 강바닥이 주위보다 높으면 강우량이 적을 때 그것이 바깥으로 드러나 형성되기도 하고, 고지대에서는 화산 폭발이나 빙산 이동이 원인이 되어 습지가 생성된 경우도 많습니다.

연안습지는 육지가 해수에 침식되면서 생성됩니다. 삼각주 지역이나 해안 갯벌이 대표적인 연안습지라 할 수 있고, 강에서 실려 온 토양 침전물이 유속이 느려지는 하류 또는 하구에 넓게 침적되어 연안습지가 이루어지기도 합니다. 하구란 강물이 바다나 호수, 또는 다른 강으로 흘러들어 가는 어귀를 말합니다. 하구역 또는 기수역이라고도 하는데, 하구에서는 담수와 해수의 혼합 작용이 일어납니다. 대규모로 분포되어 있는 습지는 대부분 연안습지입니다.

멸종 위기 야생식물인 가시연이 물 위에 떠 있는 주남저수지.

:: 자연의 콩팥

습지는 오랜 기간 인류와 생태계에 아주 고마운 일을 해 왔습니다. 인간이 발생시킨 유기질이나 무기질을 변화시킬 뿐만 아니라 자연적으로 물과 땅을 정화시키는 자정 능력을 지니고 있습니다. 이것은 우리 몸에서 콩팥이 체내에 생긴 불필요한 물질을 오줌으로 내보내 체액의 균형을 유지시켜 주는 것과 비슷한 작용이라고 할 수 있습니다. 그래서 습지를 '자연의 콩팥'이라고 부르기도 합니다. 현대 인류가 깨끗한 물을 얻을 수 있는 것에 대해서 과학기술 발전을 운운하기 전에 습지의 자정작용 덕분이라는 사실을 기억하고 있어야 하겠죠.

또한 습지에 있는 식물들은 물의 흐름을 지연시켜 수량이 극심하게 변화하는 것을 막아 주므로 습지는 홍수와 가뭄을 조절하는 완충 지대 역할을 하며 남은 물을 축적하는 저수 기능도 합니다. 간접적으로는 생태 관광지로 이익을 주기도 합니다. 습지에 사는 수많은 동식물과 미생물들은 육지에서 온 토사와 부유 물질을 걸러 각종 중금속과 유해한 화학물질을 무해한 상태로 바꾸어 준다고 해요. 각종 먹이가 풍부해 다양한 생물들이 살아가기 때문에 '생물백화점'이라고 불리기도 한답니다.

습지의 생태적 생산성은 산림에 비해 20~30배, 바다에 비해 10배 정도 탁월하다고 합니다. 그래서 습지에는 다른 환경에서보다 다양한 동식물 종이 서식합니다. 이렇듯 습지는 생물학, 생태학, 수리학적, 그리고 경제적으로 매우 중요한 역할을 합니다.

:: 생동하는 보물 창고

그렇다면 구체적으로 습지가 주로 어떤 역할을 하는지 살펴보겠습니다.*

다양한 생물이 사는 곳

습지에는 플랑크톤과 유기성 분해 물질이 풍부합니다. 이들은 곤충이나 어패류에게 먹이가 되지요. 조류나 양서류, 혹은 작은 포유동물은 곤충이나 어패류를 먹고, 뱀, 수달, 삵 같은 동물들은 다시 조류, 양서류나 작은 포유동물을 먹고 살기 때문에

* 박수영 외 지음, 『습지학원론』(은혜기획, 2000) 참고.

이렇게 거대한 먹이사슬이 생겨납니다.

2 건강한 생물을 키우는 곳

습지 생태계가 지니고 있는 생산력은 열대우림과 맞먹을 정도로 좋다고 합니다. 습지에 서식하는 생물들은 뭐든지 잘 만들어내고 쑥쑥 큰다는 얘기지요.

3 물의 흐름을 조절하는 곳

습지는 많은 물을 머금을 수 있는 땅이니까 비가 많이 올 때는 물을 저장하고 있다가 가뭄이 오면 그 물을 내보내는 역할을 합니다. 따라서 토양 침식을 막아 주고 홍수 피해도 줄여 줍니다. 한마디로 자연재해를 막아주는 첨병이지요.

4 기후를 조절하는 곳

습지는 대기 중으로 유입되는 탄소를 차단해서 지구 온난화

모든 생명 활동이 왕성해 지는 여름, 녹색으로 물든 주남저수지 자라풀 군락.

의 주범인 이산화탄소량을 적절히 조절하는 역할을 하고, 대기 온도와 습도를 조절하는 능력도 있습니다.

5 오염된 물을 정화시키는 곳

습지의 가장 멋진 능력은 자정 능력이에요. 자정(自淨)이란 자연정화를 말하는데, 오염된 물이나 땅을 저절로 깨끗하게 만드는 것이지요. 습지에 서식하는 동식물과 미생물, 그리고 습지를 구성하는 토양은 주변으로부터 흘러드는 오염된 물을 흡수한 후 그 오염물질을 정화시켜 깨끗한 물로 내보내지요.

6 경제적 가치가 풍부한 곳

습지의 경제적 가치를 숫자로 환산하기는 어려워요. 그래도 일단 경제적인 측면을 말해 보자면, 수자원 개발에 드는 비용과 환경오염을 막는 데 드는 비용을 줄여줍니다.

미국 학계에서 조사한 보고 자료에 따르면, 습지의 하수처리나 수질 정화 기능을 돈으로 환산하면 1헥타르당 약 40만 달러에 이른다고 해요. 그러니까 1만 m^2당 4억 원이 넘는다는 말과 같은 셈이지요. 이것은 사람이 하수처리장 같은 인공 시설을 만드는 것보다 훨씬 적은 비용이라고 합니다. 또 수산업과 관련된 생산력이 아주 높고, 휴양지나 생태 관광지로도 가치가 매우 높습니다.

해가 뜰 무렵 새들의 그림자가 습지의 하늘을 수놓고 있습니다.

7 아름다운 경관이 펼쳐지는 곳

바로 앞에서 말했듯이, 습지는 휴양지와 관광지로도 높은 가치가 있습니다. 이것은 그만큼 습지에서는 온갖 자연물들이 조화를 이루며 살고 있어서 아름답고 독특한 경치를 보여 준다는 뜻이지요. 그래서 습지는 자연 교육장이나 체험 장소로도 많이 활용되고 있습니다.

우포늪 자연학습원에서 여름 생태학습을 하고 있는 어린이들.

:: 법으로 보호하는 습지

습지는 인간에게 아주 귀중한 자원입니다. 그저 우리가 보고 즐기기 위해 필요한 것이 아니라 자연 그대로인 상태로 지구 생명을 유지시키는, 인간에게 큰 이로움을 주는 원시 상태의 자연이지요. 그러니까 결국 습지 보전의 핵심은 습지를 사람의 손으로 돌보는 것이 아니라 자연 상태로 '내버려 두는' 것입니다.

우리나라는 1999년 2월 8일에 국회 의결을 통해 '습지보전법'을 만들었어요. 이 습지보전법에는 람사협약 같은 국제 협약의 취지가 반영되어 있는데, 습지를 효율적으로 보전하고 관리하기 위해 만들어 졌습니다. 습지와 더불어 그곳에 살고 있는 생물들의 다양성을 보전한다는 목적으로 제정된 것입니다.

이 법에 따르면 국가와 환경부 장관, 그리고 시도지사가 습지 보전에 대한 책임을 집니다. 환경부 장관이나 해양수산부 장관은 5년마다 한 번씩 습지의 사회적 · 경제적 현황에 대해 기초

물옥잠은 '옥잠화' 잎을 닮았다고 해서 붙은 이름으로, 높이가 30cm 안팎이며 8~10월에 청자색 꽃이 피고 10월에 열매가 익습니다. 제주도나 남부 지방에 자생하는 수생식물이지요.

조사를 해야 합니다. 그리고 이렇게 조사한 결과를 토대로 습지 보전 기본 계획을 세워서 실천하지요. '습지보호지역'으로 지정되려면 생태계의 원시성이 유지되어 있거나 다양한 생물들이 살고 있는 지역, 희귀하거나 멸종 위기에 있는 야생동식물이 서식하고 도래하는 지역, 자연 · 지형 · 지질학적 가치가 특이한 지역이어야 해요. 2002년에는 경남 양산의 화엄늪이 이와 같은 조건에 맞아 습지보호지역으로 지정되었어요.

습지보호지역뿐만 아니라 그 주변 지역도 보호지역 면적의 2분의 1 범위 안에서 '습지주변 관리지역'으로 지정하여 관리합니다. 그리고 보전 상태가 불량한 곳 가운데서도 개선 가치가 있는 지역이나 습지보호지역 중에서 훼손이 너무 심한 지역은 '습지개선지역'으로 지정하여 보호하도록 했어요. 습지 안에는

습지보전법을 위반하면 받는 벌칙

① 습지보호지역을 면허 없이 매립한 사람은 3년 이하의 징역이나 2000만 원 이하의 벌금에 처한다.

② 제한된 행위를 저지르거나 승인 없이 간척사업을 하고, 공유수면을 메우거나 위해 행위를 한 사람은 2년 이하 징역이나 1000만 원 이하의 벌금에 처한다.

③ 정당한 사유 없이 조사 행위를 거부하거나 방해하는 사람은 1년 이하 징역이나 500만 원의 벌금에 처한다.

④ 제한 지역을 출입하거나 허위 자료를 제출하고 허위 보고를 한 사람은 200만 원 이하 과태료를 물어야 한다.

습지를 보전하고 보호할 목적으로 보호시설, 나무다리, 안내 시설, 생태 관찰시설 들을 설치할 수는 있지만 건축물이나 공작물을 늘리거나 새로 짓는 것, 토지 형질을 변경하는 것, 습지의 수위(물 높이)나 수량(물의 양)을 늘리거나 줄이는 것, 자갈 · 돌 · 흙 · 모래 따위를 캐내는 것, 광물을 채굴하는 것, 동식물을 인위적으로 도입하고 경작하고 포획하거나 캐내는 행위들은 모두 위법행위로 처벌을 받습니다. 위법 행위를 신고하거나 고발하면 벌금액의 10분의 1 이내로 포상금이 나옵니다. 그러나 법보다도 습지 보전이 꼭 필요하다는 인식이 무엇보다 중요하다는 것은 두말할 필요 없겠죠. 근래까지도 습지는 농사를 짓지 못하는 쓸모없는 땅으로 여겼습니다. 그래서 습지를 매립하고 간척사업을 벌여서 공장 부지나 농경지로 쓰는 것이 국토를 효율적으로 이용하는 것이라고 생각해 왔습니다. 새만금 갯벌을 메워 다른 용도로 활용하겠다는 발상도 바로 그런 생각에서 나온 것이었지요.

:: 습지가 사라지고 있다

우리나라 주요 습지는 총 면적이 1070km²(약 3억 2367만 평)가 넘습니다. 이 가운데 자연 생태계 보존 지역으로 지정된 곳은 낙동강 하구나 대암산 용늪처럼 극히 일부분일 뿐이고,

큰 잎을 오므리고 있는 연.

대부분은 방치되어 있거나 각종 개발 위협에 처해 있습니다. 영종도 갯벌은 이미 인천국제공항으로 개발되었고, 서남해안의 많은 갯벌들도 국토 개발이란 구호 아래 사라지고 있습니다.

동해안의 경포호는 1960년대를 즈음해서 절반 규모로 작아졌습니다. 호수 주변에 있던 넓은 습지를 매립해서 농경지로 만들었기 때문이지요.

세계 5대 갯벌 중의 하나라던 서해안 습지도 심각하게 파괴되고 있습니다. 특히 경기만 주변 갯벌은 경기만으로 흘러드는 오염된 물을 정화시키고 각종 어패류도 풍부한 곳인데, 간척사업을 벌이면서 폐수가 바닷물로 흘러들고 있어요. 이것이 우리에게 잘 알려진 시화호 문제입니다.

개발을 이유로 습지를 메워 버리면 아름다운 생물들도 사라지고 맙니다. 왼쪽 사진은 자라풀.

:: 다른 나라는 어떨까

산업 문명이 발달하고 인구가 급증하면서 습지를 간척하고 매립하는 일은 국토 개발의 명목으로 정당하게 여겨 졌습니다. 그 결과 미국은 습지의 54%가 개발되어 사라졌고, 뉴질랜드는 90%나 개발되었습니다. 심지어 일본에서는 앞으로 160년 안으로 모든 습지가 사라질지도 모른다는 경고가 나왔다고 합니다.

그래서 이제 전 세계적으로도 습지를 보호하려는 움직임이 나타나고 있습니다. 미국은 연안역관리법(LIS Coastal Zone

시화호

시화호는 경기도 안산, 시흥, 화성에 걸쳐 있는 인공 호수다. 시화지구 대단위 간척 종합 개발 사업의 일환으로 1987년 4월부터 1994년 1월 24일까지 6년 반에 걸친 공사 끝에 시화 방조제를 완공하면서 생긴 인공 호수인데, 방조제를 건설하는 데만 6200억 원이 들었다. 시화 방조제는 바닷물을 빼낸 뒤 호수로 만들어 근처에 있는 간척지에 농업용수를 공급하기 위해 개발되었지만, 방조제 공사를 마친 뒤부터 공장 폐수와 생활하수가 흘러들어 심각한 수질오염 문제가 일어났다. 오염된 물을 정화시키려고 많은 노력을 기울였지만, 시화호는 조성된 지 3년도 못 되어 환경오염의 대명사가 되어 버렸고 '죽음의 호수'라는 이름까지 얻게 되었다.

맹그로브

맹그로브란 바닷가 짠물에서 자라는 나무들을 통틀어 일컫는 말이다. 열대 및 아열대 해안과 바다에 접한 강의 경계에서 군생하기 때문에 우리나라에서는 자라지 않는다. 맹그로브는 해안 토양이 유실되는 것을 막고, 생태적으로나 산업적으로도 이용 가치가 매우 높다. 바닷물이 빠져나가는 간조 때에는 여러 개의 뿌리들이 마치 커다란 옥수수 대처럼 뿌리를 내려 장관을 연출한다. 육지와 바다를 연결하는 다리인 맹그로브 숲과 연안습지는 폭풍과 침식의 충격을 흡수하고 자양분을 순환시킨다. 또한 연안이나 원양의 물고기가 알을 낳는 번식지가 되어 지역 주민들에게 귀중한 생계 수단을 제공한다.

1992년 인도네시아에서는 맹그로브 숲을 대상으로 경제 가치를 검토해 보았다. 삼림을 그대로 유지했을 때 어획량과 지역 자체적으로 소모하는 임산물, 그리고 자연적 침식 방지 효과 따위를 계산에 넣으면 1ha당 4800불의 수익을 올릴 수 있다고 한다. 반면 삼림을 목재용으로만 개발하면 그 수익이 3600만 불에 못 미친다는 계산이 나왔다. 장기적으로 삼림을 온존하면 연간 1000만 불 상당의 수익(전체 지역 소득의 70%)과 연간 2500만 불 상당의 어장 수익을 거둘 수 있다. 삼림을 베어 내는 일은 거위의 배를 가르는 것과 다를 바 없다는 이야기다.

Management Act)에 따라 습지 안에서 모든 개발을 금지하고 있습니다. 즉 습지 환경을 변화시키지 않을 정도만 허가하고 사유지는 정부나 민간 차원에서 사들임으로써 습지 자원을 보호하려고 노력하고 있어요. 또 습지를 공공재산으로 기부하는 사람에게는 세금 감면 혜택을 주기도 합니다.

필리핀은 맹그로브(Mangrove) 습지 생태계에 영향을 줄 수 있는 모든 사업은 반드시 환경영향평가를 거쳐 허가받도록 하고 있습니다.

노르웨이 오슬로의 혹고니(위 왼쪽), 우간다 진자습지에서 휴식을 취하고 있는 가마우지, 우간다 맹그로브 나무와 가마우지 떼(맨 아래).

우포늪 가시연과 자라풀 군락.

:: 생태계를 위한 내륙습지 지키기

우리가 살고 있는 땅 곳곳에 있는 내륙습지는 흔히 사람들이 늪으로 알고 있는 것과 같습니다. 우리나라에 있는 내륙습지로는 하구습지, 하천습지, 하천배후습지, 산지습지, 석호 따위가 있습니다. 하구습지는 큰 강이나 하천이 바다와 만나는 곳에 생긴 습지이고, 하천습지는 강이나 하천에 쌓은 둑 안에 생긴 습지를 말합니다. 하천배후습지는 강이나 하천의 영향을 받아 그 주변 지역에 생긴 습지이고, 산지습지는 산이 많은 지대에 자연적으로 생겨난 습지입니다. 마지막으로 석호는 만의 입구가 바다와 분리되어 생긴 호수를 말하는데, 우리나라에서는 동해안 가장자리에 쌓인 흙모래가 바다의 일부를 막아서 생겨났습니다.

그렇다면 우리나라에서 이러한 내륙습지를 보호하기 위해 지정한 지역은 어떤 곳이 있을까요?

2005년 현재 국내 내륙습지 보호지역은 열 군데입니다. 철새 도래지인 부산의 낙동강 하구, 고층습원인 강원도 대암산 용늪, 국내 최대 원시 자연늪인 경남 창녕의 우포늪, 희귀 동식물 서식지인 울산의 무제치늪, 제주의 물영아리오름, 경남 양산의 화엄늪, 충남 태안의 두웅 습지, 신불산 고산습지, 전남 담양군의 담양 습지, 전남 신안군의 장도 습지가 그것입니다.

환경부가 지정한 내륙습지 보호지역은 체계적 관리를 통해 건강한 습지 생태계를 유지하기 위한 조치입니다. 이것은 습지가 인위적으로 교란되는 것을 막고 원형을 유지하는 한편, 생물종 다양성을 위한 유전자은행으로서의 역할을 하도록 만드는데 목적이 있어요.

또 내륙습지 보호지역은 현장학습의 중요성이 갈수록 높아지면서 생태 학습장으로 활용도가 높아지고 있고, 지역 주민은 물론 국민들의 삶의 질을 향상시키는 데도 크게 기여하고 있습니다.

주남저수지에서 철새 탐조 활동을 하는 사람들(왼쪽)과 산지습지인 무제치늪에서 생태조사를 하고 있는 모습.

내륙습지 보호지역 지정 현황

지역명	위 치	면적(km²)	특징	지정 일자
낙동강 하구	부산 사하구 신평, 장림, 다대동 일원 해면 및 강서구 명지동 하단 해면	34.20	철새 도래지	1999. 8. 9
대암산 용늪	강원 인제군 서화면 대암산의 큰 용늪과 작은 용늪 일원	1.06	고층습원	1999. 8. 9 (1997. 3 람사 등록)
우포늪	경남 창녕군 대합면, 이방면, 유어면, 대지면 일원	8.54	우리나라에서 가장 오래된 원시 자연늪	1999. 8. 9 (1998.3 람사 등록)
무제치늪	울산 울주군 삼동면 조일리 일원	0.184	희귀 야생 동식물이 서식하는 산지습지	1999. 8. 9
물영아리오름	제주 남제주군 남원읍	0.309	기생 화산구	2000. 12. 5
화엄늪	경남 양산시 하북면 용연리	0.124	산지습지	2002. 2. 1
두웅 습지	충남 태안군 원북면 신두리	0.065	신두리 사구의 배후습지 희귀 야생 동식물 서식	2002. 11. 1
신불산 고산습지	경남 양산시 원동면 대리 산 92-2 일원	0.308	희귀 야생 동식물이 서식하는 산지습지	2004. 2. 20
담양 하천습지	전남 담양군 대전면, 수북면, 황금면, 광주 북구 용강동 일원	0.981	목본류 식생 밀집, 대규모 대나무 군락, 희귀 야생 동식물 서식	2004. 7. 8
신안 장도 산지습지	전남 신안군 흑산면 비리(대장도)	0.090	멸종 위기종 수달 · 매 등 서식, 소규모 도서 지역 산지습지	2004. 8. 31 (2005. 3. 30 람사 등록)

* 2005년 현재 환경부 지정 10개 지역 45,861km²

:: 임진강 하구 습지 _ 물새들의 천국

임진강은 함경남도 덕원군에 있는 마식령산맥에서 물줄기가 시작되어 북쪽 강원도를 거쳐 휴전선을 넘어 흐르다가 경기도로 들어와 그 유역 첫 번째 지류인 한탄강과 만납니다. 이어서 경기도 파주를 지나 한강과 합류해 강화만으로 흘러듭니다.

임진강은 총 길이가 254km로 남과 북을 합쳐 일곱 번째로 큰 강입니다. 임진강 유역의 전체 면적 8117km² 중 62.9%인 5108.9km²가 북한 지역에 위치하고 나머지 3008.6km²는 남한에 있습니다.

이것은 3300km인 영산강 유역과 거의 맞먹는 방대한 규모이지만, 대부분이 한반도 북쪽에 위치하고 우리나라 5대 강이 아니라는 이유로 연구 조사에서 소외되어 온 것이 사실입니다. 환경부 조사 결과 임진강 하구에는 식물 143종, 물고기 38종이 살고 있는 것이 확인되었습니다. 또 조류는 49종, 포유류는 10

민물가마우지(위)와 독수리.

종이 살고 있고, 육상곤충은 167종, 대형 무척추동물은 60종이 관찰되었습니다.

임진강 하구 습지는 경기도 연천군 일대와 파주시에 속하고 휴전선에서 그리 멀지 않는 곳에 있습니다. 임진강은 한강과 만나면서 광대한 하구역을 형성하는데, 임진강과 한강이 만나는 지역은 바다의 영향을 받는 곳이어서 조수 간만의 차이에 따라 넓은 갯벌이 형성되어 있어요.

지리적으로 임진강 유역은 남북한에 걸쳐 있는 데다 대부분 민간인 통제구역인 민통선이나 비무장지대(DMZ) 구역으로 일반인의 출입이 제한되어 있습니다. 국토가 분단된 것은 가슴 아픈 일이지만 생태 환경만 생각한다면 다행스런 일이라고 할 수 있겠군요. 군사적 환경으로 출입이 제한된 덕분에 다른 지역과는 달리 자연환경이 잘 보존되어 있거든요. 하구역은 대부분 퇴적물로 인해 땅이 비옥하기 때문에 경작지로 개발되었습니다. 금강이나 영산강, 낙동강 하구에 발달한 비옥한 평야를 봐도 알 수 있지요. 그런데 임진강 하구역은 사람의 간섭이 전혀 없이 자연 생태계를 그대로 유지하고 있으니 복 받은 땅이라고 할 수 있겠군요.

환경부 조사에 의하면 임진강 하구의 식물상은 우리나라 5대 강과 비교해 볼 때 낙동강 수역보다는 종수가 적지만 한강 · 금강 · 영산강 · 섬진강 수역에 비해서는 많은 것으로 나타났어요. 장단반도 습지에는 군 작전을 수행하기 위한 도로가 나는 등 자

비무장지대(DMZ)

비무장지대는 1953년 7월 '한국 군사정전에 의한 협정'에 따라 설정되었다. 동해안에서 서해안까지 약 250km²의 군사분계선을 경계로 하여 남북으로 각각 2km를 차지하는 지대이다. 군사적 목적으로 남방 한계선으로부터 남쪽으로 10~12km가 민간인 출입 통제구역으로 지정되어 대부분 지역이 현재까지 40여 년간 미개발 상태로 남아 있다.

임진강과 한강 하구의 새들

임진강 하구와 한강 하구에서 발견된 조류는 다음과 같다. 논병아리, 뿔논병아리, 민물가마우지, 대백로, 쇠백로, 왜가리, 저어새(천연기념물 205호, 멸종 위기종), 흑기러기(천연기념물 325호, 보호종), 쇠기러기, 큰기러기(보호종), 흰기러기, 개리(천연기념물 325호, 보호종), 고니(천연기념물 201호, 보호종), 황오리, 흑부리오리, 원앙(천연기념물 327호), 청둥오리, 흰빰검둥오리, 쇠오리, 가창오리(보호종), 고방오리, 넓적부리, 흰죽지, 댕기흰죽지, 흰빰오리, 흰비오리, 비오리, 물수리(보호종), 흰꼬리수리(천연기념물 243호, 멸종 위기종), 새매(천연기념물 323호), 털발말똥가리(보호종), 말똥가리(보호종), 흰죽지수리(보호종), 독수리(천연기념물 243호, 보호종) 잿빛개구리매(천연기념물 323호), 새홀리기(보호종), 헨다손매, 쇠황조롱이(보호종), 황조롱이(천연기념물 323-8호), 두루미(천연기념물 202호, 멸종위기종), 흑두루미(천연기념물 228호, 보호종), 재두루미(천연기념물 203호, 보호종), 흰목물떼새(보호종), 개꿩, 댕기물떼새, 민물도요, 재갈매기, 큰재갈매기, 갈매기, 괭이갈매기, 수리부엉이(천연기념물 324호, 보호종)

연 생태계가 파괴되고 있어 안타까워하는 목소리가 여기저기서 나오고 있습니다.

특히 임진강 유역은 남쪽은 거의 모든 지역이, 북쪽은 부분적으로 철책에 둘러싸여 있어 사람은 물론이고 야생동물도 원활하게 움직이고 활동하기가 사실상 어려운 실정입니다. 이곳 주민과 환경단체들은 부분적으로라도 안보상 덜 중요한 지점은

재두루미는 천연기념물 제203호로 지정하여 보호하고 있습니다. 습지가 파괴되면 그 지역은 새들에게 천국에서 지옥으로 점차 탈바꿈하겠지요.

철책을 제거해 동물들의 이동을 자유롭게 해 주어야 한다고 말하고 있습니다. 겨울 철새들의 서식지이자 중간 귀착지이기도 한 임진강 하구는 생태학적으로 중요할 뿐 아니라 국제적인 가치로도 손색이 없기 때문에 보존이 시급한 실정입니다.

임진강 하구는 새들의 천국입니다. 하지만 임진강 하구역을 따라 고속도로에 가까운 자유로로 차들이 쌩쌩 달리고 있어 새들의 신경을 날카롭게 하고 있습니다. 새들이 주로 서식하는 지역은 임진강 하구와 한강 하구가 만나는 지역입니다. 임진강에서 초평도, 임진각, 오두산 통일전망대까지의 해안과 한강 하구의 행주대교까지는 물새류의 중요한 서식지예요.

임진강 하구의 상류 지점에는 경기도 파주시 장단면 장단반도 습지, 파주시 파평면 초평도 습지, 파주시 파평면 장좌못 습지, 파주시 미산면 사주 습지와 우각호 저수지 같은 많은 습지가 있습니다.

임진강의 초평도는 파주시 파평면 장산리에 위치한 하구에 형성된 사주입니다. 사주는 파도나 조류의 작용으로 수면 위에 둑 모양으로 생기는 모래섬입니다. 이 초평도에는 군 초소가 있어 민간인의 출입이 통제됩니다. 임진각에서 보이는 자유의 다리 양옆으로는 하구 해안에 갯벌이 좁게 드러나 있습니다. 이 갯벌은 임진각에서 반구정과 문산대교를 지나 오두산 통일전망대까지 이어지고, 문산대교 앞 하구 중앙에는 간조일 때 드러나는 갯벌이 있어요. 낙하리부터 만우리까지 하구 쪽으로는 넓은 농경지가 펼쳐져 있습니다.

파주시 교하면 문발리 일대 한강 하구는 아주 옛날부터 재두루미 도래지로 알려져 있는데, 많은 재두루미가 겨우내 떠나지 않고 월동하기 때문에 법으로 보호하고 있어요. 정부는 1975년 이 지역 일대를 천연기념물 제250호로 지정하였고, 1977년 4월 19일에는 이것을 김포군 하성면에 자리하는 한강 서안의 삼각주 전역으로 확대하여 11,45km^{2}를 조수 보호구로 지정하여 보호하고 있습니다. 자유로를 건설하면서 일부 지역은 천연기념물 보호 지역에서 해제되었지만 대부분 지역은 재두루미의 서식지로 보호하고 있습니다.

쇠기러기.

독수리.

흰뺨오리 암컷.

잿빛개구리매.

큰기러기.

흰죽지수리.

임진강에 모여든 재두루미.

흰죽지.

원앙.

저어새와 흰꼬리수리가 날다

한강 북부 유역에 있는 습지는 경기만 서쪽에 잇닿아 있습니다. 임진강과 한탄강, 한강 본류의 북쪽 지류인 중랑천, 왕숙천을 포함하는 한강 북부와 같은 줄기를 이루는 임진강 유역입니다. 행정구역상으로는 경기도, 강원도, 서울시에 해당하고요.

우리나라 수계는 편의상 한강 수계, 금강 수계, 낙동강 수계, 동해 수계, 영산강 · 섬진강 수계 등 5개 수계로 구분합니다. 한강 북부와 임진강 유역 습지는 물의 속도가 느린 곳에 퇴적물이 쌓이면서 형성되었습니다. 자연경관이 좋고 보존 상태가 양호한 습지는 대부분 군사시설 보호 지역과 비무장지대에 가까운

한강 북부 지역 미사리 당정섬은 인근에 고층 빌딩들이 많이 들어서서 생태계가 위협받고 있습니다.

한강 하류나 강원도 철원 같은 북쪽에 위치해 있습니다. 이 같은 습지로는 초평도 습지, 임진강 하구, 대성동 판문점 습지를 꼽을 수 있습니다. 한강의 밤섬(생태계 보전지역)도 한강 북부의 대표적인 습지입니다.

한강 하구에는 저어새, 매, 검독수리, 흰꼬리수리와 같은 멸종 위기 종과 재두루미 같은 희귀종 22종이 서식하거나 도래합니다. 이 때문에 환경부는 한강 하구를 보전 가치가 매우 높은 지역으로 평가하여 람사 습지 등록을 추진하고 있고, 유네스코 생물권 보전 지역 등록도 추진하고 있어요. 유네스코 지정 생물권 보전 지역은 설악산과 한라산, 북한의 백두산과 구월산을 포함하여 세계 97개 나라 459곳이 지정되어 있습니다.

1999년 서울시 생태계 보전지역 1호로 지정된 한강 밤섬.

:: 곡릉천 습지_ 산림성 조류가 살기 좋은 곳

곡릉천은 만조시 바닷물이 하천의 하류 구간으로 역류하는 전형적인 하구습지입니다. 양주군 장흥면 금곡리에서 출발하여 고양시 관내를 흐르고 파주시 교하읍 송촌리, 연다산리, 오도리와 탄현면 갈현리를 통과하여 한강에 합류합니다.

곡릉천은 1990년대만 해도 각종 물고기와 수십 마리의 백로가 떼 지어 모여드는 청정 1급수의 수질을 자랑했어요. 하지만 일산 신도시가 대규모로 개발되면서 급속히 썩어 들기 시작했습니다. 게다가 한강과 만나기 전 지역인 문발리 일대 습지에 세운 출판도시는 생태계를 파괴하고 들어선 문화도시가 되고 말았습니다. 그나마 다행인 것은 출판도시가 친생태, 친환경적으로 지어졌고 입주한 각 출판사들도 생태 문제를 최우선으로 여기고 있다는 점입니다.

곡릉천은 주변이 산지와 논으로 둘러싸여 있어 박새, 곤줄박

지구상에는 몇 종의 동식물이 살까

학자들은 현재까지 지구상에서 우리와 함께 살아가는 생물의 1000만 종에서 5000만 종 정도라고 추정하고 있다. 하지만 20세기 후반 들어 급속한 산업화가 이루어지면서 환경이 오염되고 훼손되어 생물종이 빠른 속도로 줄어들고 있다.

생물은 한 개 종이 사라지면 다른 종들도 연달아 사라지기 때문에 종이 멸종하면 사람은 물론 다른 동식물에게도 큰 위협이 된다. 따라서 이들을 보호하기 위한 대책 마련이 시급한 실정이다.

이, 오색딱따구리 같은 산림성 조류가 서식하기에 알맞은 환경을 갖추고 있고, 한강과 만나는 하류에는 모래톱이 형성되어 있어 수금류(물고기를 잡는 맹금류)가 서식하기에 알맞습니다.

환경부가 조사한 바에 따르면 한강 하류에 위치한 곡릉천 습지에는 갈대, 애기부들, 질경이택사, 매자기, 물달개비, 사마귀풀을 비롯한 식물 94종이 살고 있습니다. 물고기는 뱀장어, 왜몰개, 강준치, 누치 등 21종, 조류는 검은등뻐꾸기, 호반새, 물총새, 후투티, 직박구리, 재갈매기 등 32종이 관찰되었습니다. 또 양서류는 멸종 위기 야생동식물 2급인 금개구리를 비롯해 청개구리, 두꺼비, 참개구리, 아무르산개구리, 북방산개구리 등 7종이 살고 있다고 해요. 파충류는 외래종인 붉은귀거북과 무자치, 누룩뱀, 유혈목이 등 4종이, 곤충은 118종이 관찰되었습니다.

사진 왼쪽부터 주둥이가 돌고래처럼 튀어나온 누치(사진 · 전부순), 두꺼비, 천연기념물 323-8호인 황조롱이.

:: 한강 남부 유역 습지_ 보존 가치가 있는 36곳 습지

남한강과 북한강이 합류하는 양수리부터 서해 하구까지에 해당하는 한강 본류와 경기도 안성천 일대를 한강 남부 유역 습지라고 합니다. 행정구역상으로는 서울 12개구, 인천 6개구, 경기도 15개시와 3개군, 충남 2개시가 포함됩니다. 이 가운데 보존 가치가 있는 습지는 36개 정도이며 주로 갈대를 비롯한 줄, 부들, 애기부들, 고마리, 갯버들이 많이 관찰됩니다.

한강 남부 지역의 습지로는 경기도 광주군 퇴촌면 광동 습지, 광주군 중부면의 서하리 습지, 광주군 오포면 양벌 습지, 경기도 용인시 포곡면의 삼개리 습지, 서울 송파구 가락동의 탄천 습지, 경기도 평택시 팽성읍의 신호리 습지를 꼽을 수 있습니다.

:: 북한강 유역 습지_ 물억새와 갯버들 바람에 흔들흔들

북한강은 한반도의 중동부 지역에 자리 잡고 있어 행정구역상으로는 경기도와 강원도에 속합니다. 북한의 강원도에서 발원해서 금강천 및 금성천과 만나 북한강이 됩니다. 이어서 강원도 화천군을 거쳐 춘천에서는 소양강과 만나고, 경기도 가평군에서는 홍천강과 합류한 다음 다시 양평군 양수리에서 남한강과 합류하기까지 전체 길이가 317km, 면적이 1만 834km^2에 이릅니다.

북한강은 대부분이 강원도 중북부 지역인 인제 · 양구 · 화천 · 홍천군과 춘천시를 흐르고, 경기도 가평과 양평군 일대를 지나갑니다. 북한강은 물살이 세고 수심이 깊지 않아 달뿌리풀, 물억새, 갯버들이 많이 분포하고 있습니다.

북한강 유역에서 보전 가치가 있는 습지는 33개 정도인데, 지역별로는 경기도 양평군에 15개소, 홍천군에 3개소, 춘천시에 7개소, 인제군에 3개소, 가평군에 5개소가 있습니다.

:: 남한강 하류 습지_ 홍수 땐 잠기고 갈수 땐 드러나고

충주댐에서 북한강과 합류하는 경기도 양평군 양서면 양수리에 이르는 하류 지역이 남한강 하류 지역 습지입니다. 행정구역상으로는 충청북도와 강원도, 경기도 3개도에 걸쳐 있는데, 그 남쪽 끝에는 충북 보은 · 청원 · 괴산 · 음성군과 충주시가 있고, 북동 지역에는 강원도 원주시와 횡성군이, 북서 지역에는 경기도 여주군, 양평군, 이천시가 있습니다.

이 습지는 수도권과 인접해 있어 공업 시설이 많고 개발도 많이 이루어져 훼손되고 있습니다. 따라서 홍수가 일어나면 침수되었다가 갈수기에는 육상으로 나타나는 과정이 반복되는 곳이 많습니다.

부들(위)과 물총새. 1980년대까지만 해도 어느 연못에나 흔하던 부들은 이제 보기 힘든 식물이 되었습니다. 부들 잎과 줄기는 가리나 부채를 만드는 재료로도 쓰입니다.

남한강 하류 지역에 분포하는 습지 가운데 보전 가치가 있는 곳은 35개 정도로, 경기도 여주군에 5개, 양평군에 6개, 충북 음성군에 1개, 강원도 원주시에 17개, 횡성군에 6개입니다.

:: 부처울 습지_ 드넓은 삼각주에 삼각 모양 꾸구리

경기도 여주시 흥천면과 대신면 남한강에 위치한 부처울 습지는 넓은 삼각주로 수질과 영양분 같은 외부 영향을 많이 받는데, 하천 수량에 따라 물에 잠기거나 뭍으로 드러나는 현상이 반복됩니다. 부처울 습지는 우리나라 중상류 하천 습지 중에서도 생물 종이 다양하고 풍부한 곳으로 평가받고 있습니다. 그러나 주변에 농경지가 많아 농약 등으로 인한 오염과 훼손이 우려

멸종 위기 야생동물 2급인 꾸구리는 물살이 빠른 곳에서도 돌에 몸을 바싹 붙이고 있습니다. 몸의 단면은 삼각형 모양에 가깝습니다.(사진 · 노세윤)

되는 곳이기도 합니다.

환경부 조사 결과 부처울에는 식물 61종, 어류 36종이 살고 있는 것이 확인되었고, 특히 어류 중에는 멸종 위기 야생동식물 2급인 꾸구리가 발견되었습니다. 또 조류는 32종, 양서류 및 파충류는 6종, 곤충은 87종이 살고 있다고 하네요.

:: 청미천 습지_ 3개도의 물, 하나로 모이다

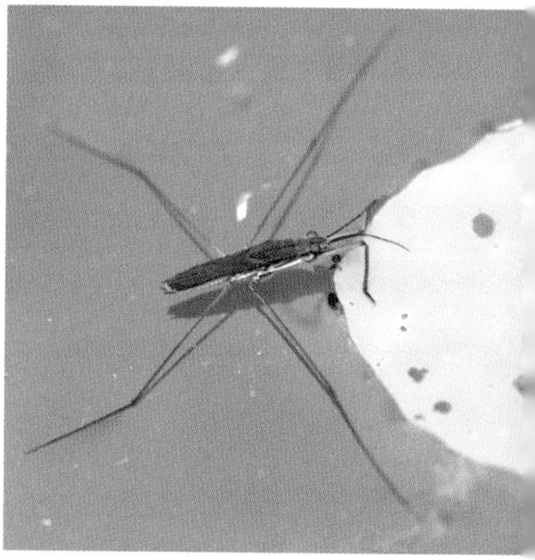

물을 정화시키는 능력이 있는 줄(위)과 소금쟁이. 소금쟁이는 육식성으로, 물 위에 떨어진 곤충을 잡아 그 체액을 빨아 먹습니다.

경기도와 강원도, 충청북도의 합류점이 청미천이에요. 경기도 여주군 점동면 사곡리, 현수리, 당진리, 부구리, 삼합리에 있는 청미천 습지는 면적이 3만여 평(0.099km²)이고 길이는 66km 정도입니다. 청미천은 경기도 용인시 원삼면에서 발원하여 동쪽으로 흐르고, 안성시 일죽면과 이천시 장호원읍을 지나는 동안 상류에서부터 방초천, 죽산천, 석원천, 응천, 금곡천 같은 작은 지류와 만나며 경기, 강원, 충북의 3개도가 접하는 지점인 여주군 점동면 삼합리에서 남한강으로 흘러들어요. 삼합리는 3개도의 물이 합쳐진다고 해서 '삼합(三合)'이라는 이름이 생겼다고 합니다.

특히 청미천 주변의 장호원읍 노탑리, 오남리, 머석리, 대서리와 율면 본죽리, 신추리는 들판이 드넓고 기름져 맛이 좋기로 이름난 이천 쌀이 생산되는 곳이기도 합니다.

청미천은 유수량의 변화가 심해 습지식물이 다양하게 분포하고 있는데, 환경부 조사 결과 70종이 살고 있는 것으로 확인되었습니다. 수생식물로는 검정말, 애기부들, 붕어마름, 이삭물수세미, 말즘, 줄, 질경이택사 들이 관찰되었어요.

물고기는 고유종으로 각시붕어, 가시납지리, 몰개, 긴몰개, 돌마자, 새코미꾸리, 참종개, 눈동자개, 얼룩동사리 등 총 30종이 살고 있는 것으로 확인되었습니다. 이 가운데서도 피라미, 돌마자, 긴몰개, 떡납줄갱이가 많이 살고 있다고 합니다.

새는 멸종 위기 야생동식물 2급인 새홀리기를 비롯해 원앙,

유혈목이는 율모기라고도 부릅니다. 방어용으로 독을 품고 있고 비늘이 가늘고 깁니다.

물총새 등 33종이 살고 있는데, 겨울에는 청둥오리, 흰뺨검둥오리, 비오리가 많이 찾아듭니다. 포유류는 멸종 위기 야생동식물 2급인 삵을 비롯해 두더지, 너구리, 대륙족제비, 고라니, 다람쥐, 등줄쥐 등 7종이 관찰되었습니다. 또 양서류는 옴개구리, 참개구리, 아무르산개구리, 산개구리, 청개구리, 도롱뇽, 두꺼비 등 7종이 살고 있고, 파충류는 붉은귀거북, 자라, 아무르장지뱀, 줄장지뱀, 누룩뱀, 무자치, 유혈목이, 실뱀, 쇠살모사 등 9종이 관찰되었습니다. 곤충은 95종이 살고 있어요.

청개구리는 녹색 몸에 검은색 무늬가 있습니다. 턱 아래 울음주머니가 있어 산란기나 습한 날에 울어 댑니다.

:: 바위늪구비_ 여울에는 돌상어 잽싸게 움직이고

경기도 여주군 강천면 굴암리에 있는 바위늪구비는 청미천과 남한강이 합류하는 지점에 위치한 습지로, 이른바 '굴암늪'으로 불리기도 합니다. 이곳 습지에는 수생식물과 육상식물이 다양하게 분포하고 철새와 텃새들이 많이 모여들어 보존 가치가 높습니다. 특히 멸종 위기 물고기가 다량으로 서식하는 것으로 조사됐어요.

환경부 조사 결과 바위늪구비 일대에는 흑삼릉, 새우가래, 물질경이, 나사말, 뚜껑덩굴, 문모초를 포함하여 72종의 식물이 살고 있는 것으로 확인되었고, 물고기는 고유종인 각시붕어, 줄납자루, 가시납지리, 쉬리, 몰개, 긴몰개, 돌마자, 꾸구리, 돌상어, 새코미꾸리, 참종개, 통가리, 꺽지, 얼룩동사리 등 39종이 살고 있습니다.

특히 잉어과의 꾸구리는 멸종 위기 야생동식물 2급으로 한강과 임진강, 금강에 주로 사는 우리나라 특산종입니다. 꾸구리는 4월에서 6월 사이에 알을 낳는데, 물살이 빠르고 자갈이 많이 깔린 하천의 중류 지역에 서식하면서 수서곤충을 먹고 살아요. 수서곤충이란 물방개나 소금쟁이처럼 물속에서 사는 곤충을 말하지요. 꾸구리는 빛의 세기에 따라 눈의 피막을 조절해 빛이 약하면 눈동자를 넓히고 강하면 좁히는 특이한 물고기입니다.

멸종 위기 야생동식물 2급인 돌상어는 한강과 금강, 임진강에 사는 우리나라 특산종입니다. 주로 자갈이 깔리고 유속이 빠른 깨끗한 여울에 살지요. 돌 밑에 잘 숨고 이 돌에서 저 돌로 재빨리 옮겨 다닌답니다. 몸 앞쪽 배 부분이 평평하고 가슴지느러미가 빳빳하며 좌우로 퍼져 있어 여울 바닥에 잘 붙어 있지요. 1996년 1월 환경부가 특정 보호 어종으로 지정했기 때문에 허가 없이는 잡을 수 없는 귀한 물고기입니다.

바위늪구비에는 겨울철에는 흰빰검둥오리와 쑥새가, 여름철에는 붉은머리오목눈이와 멧비둘기가 많이 보입니다. 조류는 황조롱이, 물총새, 청딱다구리를 포함해 총 26종이 서식합니다. 포유류는 너구리, 고라니, 등줄쥐 등 3종이, 양서류는 옴개구리, 참개구리, 아무르산개구리, 황소개구리, 청개구리, 도룡뇽, 두꺼비 등 7종이 관찰되었어요. 또 파충류는 멸종 위기 야생동식

물 2급인 남생이를 비롯해 붉은귀거북, 자라, 아무르장지뱀, 줄장지뱀, 누룩뱀, 무자치, 유혈목이까지 8종이 확인되었습니다. 그리고 곤충은 117종이 살고 있어요.

청초하게 피어난 보풀 수꽃. 연못이나 도랑에서 자라는 보풀은 7월과 9월 사이에 꽃이 피고, 강장제 같은 약제로도 씁니다.

:: 방축골 습지_ 새홀리기, 흰목물떼새의 힘찬 날갯짓

경기도 안성시 서운면 계두리에 있는 방축골 습지는 안성천의 지류인 청룡천 일대에 위치하고 있습니다. 안성천은 경기도 의왕시 동부에 있는 해발 561m의 백운산 남서 계곡에서 발원하여 군포시를 가로지른 후 학의천, 석수천, 수암천과 합류해 안양시로 흐릅니다. 안성과 평택을 거쳐 황해로 유입되는 안성천은 길이가 76km 정도로 주변에는 비옥한 안성평야가 있습니다. 방축골 습지는 한때 장대한 습지 생태계 모습을 보였지만 주변이 농경지로 개간되고 일부에 공장이 들어서면서 습지 훼손과 파괴가 일어나고 있습니다.

환경부 조사 결과 방축골 습지에는 멸종 위기 야생동식물 2급인 가시연꽃과 꼬리조팝나무, 보풀, 왕미꾸리광이 등 102종의 식물이 살고 있는 것으로 확인되었습니다.

다 자란 흰목물떼새(왼쪽)와 알에서 갓 부화한 새끼 흰목물떼새. 흰목물떼새는 멸종 위기 야생동식물 2급으로 매우 진귀한 물떼새인데, 우리나라에서 번식하는 텃새입니다.

물고기는 우리나라 고유종인 각시붕어, 긴몰개, 왜매치, 돌마자, 얼룩동사리 등 5종이 확인되었고, 피라미, 버들치, 붕어, 떡납줄갱이 들이 많이 서식하며, 전체적으로는 19종이 관찰되었

습니다.

조류는 멸종 위기 야생동식물 2급인 새홀리기와 흰목물떼새가 관찰되었고, 검불해오라기, 해오라기, 검은댕기해오라기, 청다리도요, 삑삑도요, 깝짝도요, 그리고 파랑새와 후투티, 쇠물닭 등 54종이 확인되었습니다.

포유류는 두더지, 너구리, 족제비, 고양이, 고라니, 다람쥐, 등줄쥐 등 7종이 살고 있고, 양서류는 옴개구리, 참개구리, 아무르산개구리, 산개구리, 청개구리, 도롱뇽, 두꺼비, 맹꽁이 등 8종이 살고 있다고 하네요. 이 가운데 멸종 위기 야생동식물 2급인 맹꽁이는 몸길이가 45mm 정도 되고, 아래턱의 앞줄 끝 가까이에 울음주머니가 있어요. 맹꽁이는 1970년대까지만 해도 흔했는데 환경이 오염되면서 이제는 일부 지역에서만 관찰되고 있습니다.

방축골 습지에 사는 파충류는 도마뱀, 아무르장지뱀, 줄장지뱀, 누룩뱀, 무자치, 유혈목이, 살모사, 쇠살모사 등 8종입니다.

곤충은 딱정벌레류와 메뚜기류가 많고, 이들을 잡아먹는 벌류, 개미류, 그리고 꽃을 찾는 꽃등에류가 많이 살고 있는 것이 확인되었는데, 이곳에서 관찰된 곤충의 총수는 73종입니다.

:: 금강 하구 습지_ 비단결 너울대는 철새들의 낙원

금강(錦江)은 굽이치며 흐르는 물결이 비단결처럼 아름답다고 하여 '비단강'이라는 뜻의 이름을 얻었습니다. 금강은 동으로는 소백산맥, 남으로는 노령산맥, 북으로는 차령산맥에 걸쳐 있습니다.

금강은 전북 장수군 수분리 뜸봉샘에서 물줄기가 시작됩니다. 뜸봉이란 이름은 옛날 이 산에서 봉화를 올릴 때 고을의 재앙을 막고 풍년을 기원하기 위해 산에 군데군데 뜸을 뜨듯이 봉화를 올렸다는 데서 나왔습니다. 이렇게 뜸봉샘에서 시작되는 금강은 충청권을 가로질러 군산 앞바다 서해안으로 흘러드는 대전과 충청 지방의 젖줄입니다. 또한 우리나라 중앙부 서쪽에 위치하여 동으로는 낙동강 유역, 북으로는 한강 유역, 북서로는 안성천과 삽교천 유역, 남으로는 만경강과 섬진강 유역에 접해 있는 넓이 395.9km^2, 길이 1000리(약 392km)에 이르는 기나긴 강입니다. 이 같은 규모로 보면 금강은 수많은 지천과 소하천을 합하여 총 유역 면적이 약 9810km²에 이르는 한강과 낙동강에 이어 남한에서 세 번째로 큰 강이지요.

금강 유역은 행정구역상으로는 충청도와 대전, 경기도의 일부 지역이 포함되는데, 충청북도는 청주시 청원, 진천, 음성, 괴산, 보은, 충청남도는 연기, 청양, 부여, 서천군, 경기도는 안성시과 이천시 일부 지역이 해당됩니다. 총 5도 1광역시 8시 17군으로 구성되어 있고 대전과 충청권 인구의 70% 이상이 살고 있습니다.

금강은 다른 강에 비해 물줄기가 시작되는 발원지의 고도가 높지 않으며 강이 길고 경사가 완만합니다. 따라서 다른 강에 비해 홍수가 날 가능성도 낮지요.

환경부 조사에 의하면 금강 하구 일대에는 62종의 식물이 살고 있는 것이 확인되었고, 포유류는 18종이 관찰되었습니다. 금강 하구 습지에는 환경부 지정 멸종 위기 야생동식물 1급인 수

금강 하구에 있는 철새 탐조대. 다양한 철새들을 관찰할 수 있어 탐조객들이 늘어나고 있습니다.

달이 자주 관찰되는데, 수달은 어류, 패류, 조류, 포유류, 양서류, 파충류 들을 먹습니다. 특히 물고기를 많이 잡아먹어요. 또 양서류(7종), 파충류(5종)는 12종이 살고 있는 것이 확인되었고, 새는 124종이 관찰되었습니다.

금강 하구와 주변 들녘은 갈대밭과 먹이가 풍부해 여름과 겨울철이면 각종 철새 수십만 마리가 날아듭니다. 국제적으로 보호를 받고 있는 희귀 새들도 해마다 이곳을 찾아들어 대표적인 철새 도래지로 꼽힙니다. 금강 하구에 가장 많이 날아드는 새는 가창오리, 청둥오리, 흰뺨검둥오리, 검은머리물떼새, 혹부리오리, 쇠기러기, 큰기러기 순입니다.

특히 이곳에 사는 새들 중에는 멸종 위기 야생동식물 1급인 노랑부리저어새와 2급인 큰기러기, 개리, 큰고니, 고니, 털발말똥가리, 잿빛개구리매, 쇠황조롱이, 검은머리물떼새, 가창오리, 물수리, 말똥가리 들이 있는 것으로 조사되었습니다.

금강에서 월동하는 검은머리물떼새는 천연기념물 제326호로 지정하여 보호하고 있습니다. 검은머리갈매기도 현재 지구상에 4000마리 정도밖에 없는 것으로 추정되는 멸종 위기종인데, 금강 하구 어귀 둑에서 약 300여 마리가 월동하고 있는 것으로 조사되었습니다.

물고기는 총 54종이 살고 있는 것으로 확인되었는데, 특히 눈볼개는 금강과 만경강, 한강 수계에만 분포하는 것으로 알려져 있습니다.

환경부와 군산시는 2005년 3월 금강 하구를 습지 보전 시범 지역으로 지정해 국제연합개발계획(UNDP)과 지구환경기금(GEF)에서 자금 지원과 협조를 얻어 국가 차원에서 습지를 관리한다는 계획을 발표했습니다. 이 계획에 따라 습지 전문가와 지역 주민들이 참석한 가운데 금강 하구의 철새 조망대에서 워크숍을 열기도 했습니다. 그래서 2008년까지 지구환경기금의 지원 등을 통해 사업비 15억 원을 습지 보전 사업에 투입하게 됩니다.

맨 위부터 차례대로 가창오리, 댕기흰죽지, 흰비오리 암컷.

:: 금강 중상류 습지_ 물길 급한 여울목에 즐비한 습지

청주와 대전 남쪽 금강 중상류는 덕유산, 민주지산, 속리산 같은 높은 산들이 많아 물길이 급하게 휘어지면서 많은 습지를 만들어 놓았습니다. 돌과 모래, 흙 등이 많이 쓸려 내려오면서 수많은 습지가 생겨 생물들이 살기 좋은 환경이 이루어졌어요.

환경부가 조사한 바에 따르면 금강 상류에는 하천이 직선으로 흐르다 급하게 휘어지는 여울목 습지로 충북 영동의 용화리 습지, 전북 무주의 뒷나루와 앞나루 습지, 충북 옥천의 쇠보두 습지가 있고, 두 개의 하천이 합류하는 곳에 만들어진 습지로 충북 영동의 옥포교 습지, 수마래 습지, 우매마을 습지 들이 있습니다.

좁았던 하천 폭이 다시 넓어지면서 생긴 습지로는 경북 상주의 금계교 습지, 전북 장수의 방아재 습지를 들 수 있고, 댐과 보, 교량처럼 물이 더디게 흘러서 생기는 습지로는 전북 진안의 원월평 습지, 전북 장수의 칠곡교 습지를 꼽을 수 있습니다. 금강 중상류에는 크고 작은 습지가 30여 개 정도 있습니다.

딱새 수컷입니다. 붉은빛이 도는 배 깃털이 포근해 보입니다. 딱새 수컷은 정수리에서 뒷목까지가 은빛을 띤 백색입니다. 지저귈 때는 꽁지를 위아래로 흔드는 버릇이 있지요.

:: 금강 하류 습지_ 크고 작은 70여 습지

금강 하류에는 70여 곳의 크고 작은 습지가 있으며 일부 지역은 이미 논으로 이용하는 곳도 있어 학자들은 이곳을 습지로 되돌리려는 노력이 절실하다고 말합니다.

또 영화 「공동경비구역 JSA」의 촬영 장소이기도 했던 충남 서천군 한산면 신성리의 신성 습지는 소중한 생태 학습장이 될 것으로 기대를 모으고 있습니다.

:: 삽교천 유역 습지_ 일제 강점기 쌓은 제방으로 파괴

금강 수계에 있는 삽교천은 충남 예산군 예산읍 예산리가 그 중심지이고, 그 유역에는 서산 · 아산시와 당진, 해안, 홍성군이 걸쳐 있어요. 삽교천은 충남 홍성군 장곡면 오서산(해발 790.7m)

에서 발원하고 서해의 아산만으로 유입하며, 총 길이는 61km, 유역 넓이는 1619km²입니다. 삽교천은 일제 강점기에 치수 사업을 한다며 인공 제방을 만들고 직강(강 모양을 곧게 만드는 것) 공사를 하는 바람에 습지가 많이 파괴되었어요. 그나마 예산의 예당 저수지, 당진의 대호 방조제, 태안과 당진에 걸쳐 있는 이호 방조제, 태안의 부남호 습지는 자연경관이 뛰어나고 많은 동식물들이 살고 있어 보전 가치가 매우 높습니다. 환경부 조사 결과 삽교천 일대에는 28곳의 습지가 있는 것으로 나타났습니다.

:: 남한강 중상류 습지_ 백두대간과 소백산맥, 그 사이

남한강 중상류에는 큰 규모는 아니지만 습지가 곳곳에 많습

몸집이 작은 쇠백로가 조용히 개울을 건너고 있습니다. 쇠백로는 여름 철새로 백로류 중에서 가장 작고 머리 뒤에 댕기가 두 개 있습니다. 발가락은 노란색이지요.

삽교천 방조제와 박정희

삽교천 방조제는 충남 당진군 신평면 운정리와 아산시 인주면 문방리 사이에 축조된 길이 3360m, 최대 너비 168m, 높이 12～18m의 방조제이다. 중서부 해안 일대인 충남 아산 · 당진 · 홍성 · 예산에 걸친 245.74km^2를 가뭄과 홍수 피해가 없는 전천후 농토로 개발하기 위해 만들어졌다. 1979년 10월 26일 삽교천 방조제 준공식장에서 돌아온 박정희 전 대통령은 그날 밤 중앙정보부장 김재규의 총탄에 쓰러졌다. 박정희의 마지막 공식 행사가 삽교천 방조제 준공 행사였던 것이다.

니다. 행정구역상으로는 충북 충주시 · 제천시 · 단양군, 강원도 영월군 · 정성군 · 횡성군 · 평창군입니다. 백두대간 서편과 소백산맥 사이인 셈입니다. 경사가 급하고 하천의 흐름이 빠르며 평지는 적은 편입니다. 따라서 저층습원은 거의 없고 하천의 배후 습지와 농업용수를 위한 늪지가 대부분입니다. 남한강 중상류 지역 습지가 한강 하류나 금강, 영산강, 낙동강 유역 습지에

비해 유형이 다양하지 못한 것도 이 때문입니다.

남한강 상류 유역의 지류는 강원도의 오대천, 조양천, 주천, 평강천, 동강, 임계천, 제천천, 주포천, 옥동천, 홍정천, 동남천이 포함됩니다. 남한강 중상류에서 보전 가치가 있는 습지는 대략 35개 정도가 있는데, 지역별로는 강원도 횡성군에 5개, 평창군에 2개, 정성군에 2개, 영월군에 2개, 충북 제천시에 17개, 단양군에 6개, 충주시에 1개입니다.

:: 두모소 습지_ 충주댐 하류, 소담스런 생물 정원

자연경관이 매우 아름다운 두모소 습지는 충북 충주시 엄정면 묵계리와 금가면 하담리, 가금면 장천리에 걸쳐 있습니다.

맨 왼쪽부터 쇠물닭, 습지식물인 마름, 나그네새인 꺅도요. 쇠물닭은 대표적인 여름 철새이면서 남부 지방에서는 텃새이기도 합니다.

천연기념물 327호인 원앙이 충주호에서 한가로이 노닐고 있습니다. 원앙은 도토리 같은 나무열매를 즐겨 먹고 잘 때는 한쪽 다리를 들고 잡니다.

충주댐 하류에 위치하고 있기 때문에 댐 조절에 의한 수위 변화가 심한 편이고, 넓이는 가로 1.2km, 세로 1.5km 정도로 큰 편은 아니지만 많은 동식물이 살고 있어요.

두모소 습지에는 78종의 식물이 살고 있는데, 수생식물로는 붕어, 마름, 이삭물수세미, 말즘, 대가래, 검정말, 마사말, 마름, 통발 들이 많이 산다고 합니다. 물고기는 우리나라 고유종인 줄납자루, 중고기, 참중고기, 몰개, 긴몰개, 돌마자, 새코미꾸리, 참종개, 눈동자개, 퉁가리, 얼룩동사리 등 11종을 포함하여 총 24종이 서식하는 것으로 확인되었습니다. 또 포유류는 두더지, 너구리, 대륙족제비, 고양이, 고라니, 멧토끼, 청설모 등 7종이 살고 있어요. 새는 원앙, 황조롱이, 물총새, 검은등할미새 등 24

겨울잠 자는 나무

가을에 단풍이 들고 낙엽이 지는 것은 낙엽수가 겨울을 나기 위한 수단이다. 한마디로 자구책인 셈이다. 나무는 잎으로 광합성을 함으로써 양분을 만들어야 살 수 있는데, 광합성을 하려면 햇빛과 수분, 이산화탄소가 필요하다. 하지만 겨울에는 온도가 낮고 물이 부족해 광합성을 제대로 할 수 없게 된다. 그래서 나무는 여름 한철 잎을 무성히 피우고 부지런히 광합성을 해 양분을 축적한 뒤 겨울잠을 잔다. 그런데 만약 나무가 잎을 그대로 단 채 겨울을 난다면, 가뜩이나 부족한 수분이 잎의 기공을 통해 빠져나가고 그 과정에서 얼어 죽을 수도 있다. 결국 나무는 잎을 모두 떨어뜨려야만 겨울을 무사히 넘길 수 있다.

생태계의 파수꾼, 벌

기원전 7000년께 동굴벽화에는 원시인들이 야생 벌통에서 꿀을 수집하는 모습이 나온다. 그런데 이렇게 오래전부터 인간에게 유익한 역할을 해 오던 벌이 마구 살포되는 농약 때문에 사라져 가고 있다. 벌이 줄어들자 농부들은 과수원에서 벌 대신 일일이 직접 꽃가루받이를 해 주거나 벌을 구해 풀어놓고 있다.

학자들에 의하면 벌이 꼭 중매를 서야 씨앗을 맺는 화려한 한해살이 야생화가 들판에 벌이 줄어들면서 자취를 감추고 있다고 한다.

더욱 걱정인 것은 무분별한 농약 사용으로 벌이 사라지자 해충이 들끓는다는 것. 해충들은 벌을 가장 무서워한다. 벌 중에는 덩치가 40mm인 커다란 장수말벌도 있지만 0.2mm 안팎의 눈으로 구분하기 힘든 기생벌도 있다. 해충을 없애고 생태계 조절자 노릇을 하는 벌을 보호하기 위한 노력이 절실하다.

종이 살고 있고, 양서류는 두꺼비, 청개구리, 참개구리, 아무르산개구리 등 4종이, 파충류는 자라, 누룩뱀, 무자치, 유혈목이, 살모사, 쇠살모사 등 6종이 확인되었어요. 곤충도 25종이 사는 것으로 나타났습니다.

:: 화진포 습지_ 소나무 우거지고 해당화 흐드러진 호수

화진포는 둘레가 16km인 동해안 최대의 자연호수입니다. 넓은 갈대밭 위에 수천 마리의 철새와 고니가 날아들고 울창한 송림으로 둘러싸여 있어 주변 경관이 빼어납니다. 화진포(花津浦)란 이름은 그 호숫가에 해당화가 많이 피어 있어서 붙은 것입니다.

화진포는 오래전부터 그 빼어난 경관 덕분에 유명한 별장들이 많이 들어섰는데, 이승만과 이기붕, 김일성의 별장이 안보전시관으로 보존되어 있습니다. 김일성 별장은 1937년에 중세 서양식 성을 본떠 지은 서양인의 별장이었는데, 당시 사람들이 '화진포의 성'이라고 불렀어요. 그러던 중 한국전쟁 당시 김일성이 잠시 별장으로 사용하자 김일성 별장으로 불리다가 최근에 다시 복원하면서 옛날 이름인 '화진포의 성'으로 일반인들에게 개방되었습니다.

화진포 습지는 수심이 얕고 바닷물의 영향을 항상 받고 있으며 연중 수위도 안정돼 있습니다. 행정구역상으로는 강원도 고성군 현내면의 초도리, 죽정리, 철통리, 산학리와 거진읍의 화포리, 원당리 일대에 걸쳐 있습니다. 유역 면적은 19.94km²이며 수면 면적은 0.23km²로, 화진포 해수욕장과 인접하고 있습니다. 화진포 해수욕장의 모래사장은 남북 길이가 800m, 동서 폭이 300m로 수려한 경관을 자랑하고 있습니다.

환경부 조사에 의하면 화진포에 서식하고 있는 식물은 53종으로 갈대숲이 우거져 있습니다. 부처꽃, 여뀌, 흰꽃여뀌 등 배

천연기념물 201-3호인 혹고니가 우아하게 날개를 편 모습. 몸 전체가 희고 부리는 붉은색을 띤 혹고니는 우리나라에 드문 겨울새입니다.

여뀌는 민간에서 잎과 줄기를 짓이겨 물에 풀어서 고기를 잡는 데 쓰고, 잎과 줄기는 항균작용이 있습니다.

후습지성 식물이 많고, 바닷물을 좋아하는 염수성 수생식물인 애기거머리말과 염생식물인 해당화, 눈양지꽃이 관찰되었습니다. 수초(물풀)가 잘 형성돼 있고 물이 오염되지 않아 수서곤충과 물고기가 많고 철새들에게는 좋은 보금자리가 됩니다.

환경부 조사에 의하면 화진포 습지에는 양서류와 파충류가 각각 7종씩 살고 있고, 조류는 43종이 서식하는 것으로 조사되었습니다. 특히 멸종 위기 야생동식물 1급인 혹고니는 우리나라에서 보기 드문 겨울 철새로 날개를 편 길이가 2.4미터에 달하며 몸은 전체적으로 흰색에 다리와 눈 앞부분은 검은색이고 부리는 주황색에 검은색 혹이 있습니다. 역시 멸종 위기 야생동식물 1급인 흰꼬리수리는 물고기 · 새 · 포유류 따위를 잡아먹는데, 그중에서도 물고기를 주 먹이로 합니다.

포유류는 고라니, 너구리, 족제비를 포함한 12종이 서식하고 물고기는 황어, 전어, 붕어, 잉어, 가시고기, 빙어, 쌀미꾸리 등 18종이 살고 있다고 해요.

우리나라 해안가에 서식하는 해당화. 뿌리는 염료의 원료로 쓰고 꽃과 열매는 치통이나 관절염의 약재로도 쓰입니다.

:: 물굽이 습지_ 넓은 강폭에 발달된 강턱

물굽이 습지는 남한강 상류의 주요 지류인 섬강의 하류로 강원도 원주시 문막읍 연화리와 동가리에 있습니다.

섬강의 길이는 93km 정도로 강원도 횡성군 둔내면과 평창군

봉평면의 경계에 솟은 태기산에서 물줄기가 시작되어 서쪽으로 흐르다가 원주시를 지나 남서쪽으로 물길을 바꾸어 경기도와 강원도가 접하는 지점에서 남한강에 합류합니다. 강의 폭이 넓고 퇴적작용으로 강턱이 잘 형성되어 있는 데다 수생식물이 많아 새들이 살기에 적합합니다.

더듬이가 길고 붉은색을 띤 쌕새기. 수컷 쌕새기가 앞날개를 비비면서 '쌕새기-기-기-' 하고 암컷을 유혹하면 그 소리를 듣고 암컷이 수컷에게로 가 교미합니다.

환경부 조사에 따르면 물굽이 습지에는 67종의 식물이 살고 있는데, 줄, 애기부들, 흑삼릉, 질경이택사, 사마귀풀, 골풀, 붕어마름, 이삭물수세미, 말즘, 대가래, 검정말, 나사말, 가래, 마름 들이 많이 살고 있다고 하네요.

물고기도 31종이 관찰되었는데 우리나라 고유종인 줄납자루, 가시납지리, 쉬리, 몰개, 긴몰개, 왜매치, 돌마자, 새코미꾸리, 참종개, 눈동자개, 얼룩동사리 등 12종이 살고 있습니다.

또 새는 멸종 위기 야생동식물 2급인 말똥가리, 새홀리기를 비롯해 총 42종이 살고 있는 것이 확인되었고, 포유류는 너구리, 대륙족제비, 고양이, 고라니가 살고 있다고 하네요.

곤충은 꼬리명주나미, 홍다리청바구미 등 72종이 살고 있는데, 이 가운데 잠자리류는 깃동고추잠자리, 노란띠고추잠자리, 대륙고추잠자리가, 메뚜기류는 쌕새기, 실베짱이, 방아깨비, 팥중이가 확인되었습니다. 나비류는 제비나비, 배추흰나비, 푸른부전나비, 작은멋쟁이나비 들이 관찰되었습니다.

∷ 동해 수계 습지_ 회유하는 연어, 쉬어가는 겨울 철새

태백산맥에서 발원하여 동해로 유입되는 동해 수계 습지는 행정구역상 최남단인 울산시에서 시작해 경북 해안을 지나 강원도 고성군 현내면의 통일전망대까지입니다.

동해안은 자연경관이 빼어나 국립공원이나 도립공원, 관광명소와 문화재, 온천 같은 관광자원이 많이 있습니다. 따라서 사람들의 발길이 잦아지면서 도로가 개설되고 국민 관광지가 조성되어 점점 자연 습지는 훼손되거나 파괴되고 있어요. 앞으로도 보전 대책이 마련되지 않으면 습지는 점차 사라질 것이라는 지적이 나오고 있어요.

특히 동해안 수계 습지들은 대부분 알을 낳거나 먹이를 찾기 위해 찾아드는 회유성 물고기들의 장소이고 겨울 철새들의 휴

갈색 얼룩무늬가 있는 알락도요는 작은 조개류나 곤충류를 먹고 삽니다.

연어가 돌아오는 강

강원도 양양군에 흐르는 남대천에서 태어난 연어는 북태평양에서 성장하다가 3~4년이 지나면 고향으로 다시 돌아와 산란한다. 남대천이 연어들의 고향이기는 하지만, 사실은 인공부화로 어린 물고기(치어)를 방류하는 것이다. 1984년 국립수산과학원 양양내수면연구소(현재의 동해수산연구소 연어연구센터)가 설립되면서 연어의 방류량이 크게 증가했고 이 지역 주민의 어업 소득도 높아졌다. 양양 남대천은 우리나라 연어의 65%가 회귀하므로 연어의 고향이라 부를 만하지만, 골재 채취와 환경 훼손을 방지하는 일도 시급하다. 양양군에서는 해마다 10월 말에서 11월 초 사이에 연어가 돌아올 무렵 연어축제를 연다.

도요새의 비밀

습지와 갯벌의 진객, 도요새는 대부분 부리와 다리가 긴 편이다. 주로 북극 주변에서 번식하는데, 겨울을 나기 위해 지구 반 바퀴를 도는 장거리 여행을 하는 도요새도 있다.
도요새는 세계에 80여 종이 있고, 40여 종은 우리나라 서해안 갯벌과 낙동강 하구 등지에서 겨울을 난다. 습지와 갯벌의 지렁이, 수서곤충, 갑각류를 먹고 사는데, 물이 부리보다 깊으면 먹이를 잡지 못한다고 한다. 이는 도요새가 오리처럼 물 위에 떠서 생활할 수 없으며 맹금류처럼 먹이를 채가지 못하기 때문이다.

식처이기도 해요.

강원도 강릉에서 동해로 유입되는 남대천은 해마다 수많은 연어들이 알을 낳기 위해 바다에서 올라오는 곳입니다. 강원도 양양에서 동해로 유입되는 연곡천, 삼척에서 동해로 유입되는 오십천, 경북 울진에서 동해로 흘러드는 왕피천, 포항을 지나 동해의 영일만으로 흘러드는 형산강, 울산을 지나 동해로 흘러드는 태화강 주변과 하류는 보존 가치가 높은 습지입니다.

동해 수계에는 크고 작은 습지가 55개 정도 분포해 있어요. 이들 가운데 경북 경주시 형산강 수계의 오야리 습지, 경북 울진군 남대천 수계의 연호 습지, 강원도 강릉시 경포천의 경포호 습지, 순포개호의 순포개 습지, 강원도 양양 남대천 수계의 남대천 습지에는 많은 생물종이 살고 있다고 합니다.

이 밖에도 환경부가 조사한 보전 가치가 높은 습지로는 경주시 형산강 수계 용장 습지, 앞비파 습지, 뒤뜰말 습지, 조양 습지, 숲머리 습지, 국당 습지 등 경주 지역 6개 습지를 비롯하여 울진군 왕피천의 매화 습지, 구산리 습지 2곳, 그리고 포항시 곡강천 수계 용천리 습지까지 총 9개가 있습니다.

:: 대암산 용늪_ 이탄층 발달한 '타임캡슐'

대암산은 태백산맥의 지맥으로 강원도 인제군 서화면과 북면,양구군 동면과 해안면을 따라 이어집니다. 대암산은 휴전선에 인접해 있는 산 가운데 안개가 많고 겨울이 가장 먼저 오는 곳으로 유명합니다. 한국전쟁 이후 민간인 출입이 통제되어 자연 생태계가 잘 간직되어 있기도 하고요. 높이가 1310m에 이르는 이 산은 산자락부터 정상까지 바위들이 험하게 펼쳐져 있지만 정상에 올라서면 마치 잔디 깔린 아담한 축구장처럼 용늪

짙은 자줏빛 꽃이 핀 비로용담(위)과 붉은머리오목눈이.

이 나타납니다. 대암산 1280m 지점에 자리하고 있는 용늪은 1.06km²의 고층습원입니다. 고층습원은 고산 지대 초원으로, 영양 염류가 적고 추우며 습기가 많아 물이끼로 덮여 있습니다.

용늪은 문화재청이 1973년 7월 천연기념물 246호로 지정한 '대암산 · 대우산 천연보호구역'의 핵심 지역이기도 해요. 1997년 국내에서는 처음으로 람사협약에 등록되었고, 1999년에는 습지보호지역으로 지정되었습니다. 북방계 희귀 식물의 보고인 용늪은 큰 용늪과 작은 용늪이 이어져 있습니다.

하늘로 올라가는 용이 쉬다 가는 곳이라 하여 '용늪'이라고 불리게 됐는데, 채 썩지 않은 식물들이 쌓여 스펀지처럼 물컹한 지층을 이룬 이탄층이 발달해 있어요.

보통 식물이 죽으면 박테리아 같은 미생물에 의해 분해되어 땅속에 묻히게 되는데, 기온이 낮고 습기가 많은 습지에서는 식물이 죽은 뒤에도 썩거나 분해되지 않고 그대로 쌓여 짙은 갈색의 층을 이룬다고 합니다. 이것이 바로 '이탄층'입니다. 용늪에는 1m에서 1.8m 정도의 이탄층이 있습니다. 이탄층에서 꽃가루를 추출해서 분석한 결과, 용늪은 4200년 전쯤 처음 생긴 것으로 추정되고 있습니다. 이탄층의 밑바닥에는 포자가, 그 위에 1000년 동안 더 쌓인 지층에서는 신갈나무가, 2000년 정도 더 흐른 지층에서는 소나무 꽃가루가 각각 발견되었어요. 이탄층을 통해 그 지역의 기후 변화와 식물의 변천 과정 등을 알아볼 수 있기 때문에 흔히 고층습원을 '자연의 고문서' 또는 '타임캡

왼쪽 맨 위부터 시계 방향으로 들통발, 매발톱꽃, 여로, 용늪 전경, 바위채송화.

숲'이라고 부르기도 합니다.

습지는 크게 세 가지 종류로 나뉘는데, 갈대나 사초 물풀처럼 습한 곳을 좋아하는 식물이 분포하는 '저층습원', 진퍼리새처럼 건조한 상태에서도 살 수 있는 식물이 자라는 '중층습원', 그리고 이탄이 두꺼워지면 오직 빗물만으로 자랄 수 있는 물이끼류 같은 식물이 사는 '고층습원'으로 구분합니다. 용늪은 고층습원에 해당되고, 저층습원의 대표적인 곳은 우포늪입니다.

현재 용늪에는 식물성 플랑크톤이 63종, 돌말이 19종이나 서식하고 있다고 하네요. 희귀 식물로는 조름나물, 비로용담, 칼잎용담, 끈끈이주걱, 물이끼, 북통발, 금강초롱꽃, 가는오이풀,

삿갓, 사초, 줄풀, 왕미꾸리광이, 골풀, 수잔대, 달뿌리풀, 제비동자꽃, 기생꽃을 비롯해 190종이 발견되었습니다. 이 중에서도 특히 멸종 위기종인 꼬마잠자리와 바늘사초, 대암사초, 대택사초는 백두산 대택 습지에 자생하는 귀한 식물로 알려져 있어요. 또한 희귀 곤충으로는 벼메뚜기, 참밀드리메뚜기, 애소금쟁이, 홍도리침노린재가 서식하고 있는 것으로 밝혀 졌어요.

대암산은 '펀치볼 지구 전투', '피의 능선 전투', '도솔산 전투' 등 한국전쟁 당시 처절한 전투가 벌어졌던 격전지였고, 부근에는 제4땅굴, 을지전망대, 양구북한관이 있습니다. 그리고 1970년대에는 군인들이 체력 단련을 할 수 있도록 스케이트장을 마

꼬마잠자리 암컷(왼쪽)과 수컷. 꼬마잠자리는 세계에서 가장 작은 잠자리로 멸종 위기 야생동식물 2급으로 분류되어 있고 천연기념물 지정이 예정된 귀한 잠자리입니다.

련하면서 용늪의 상당 부분이 파괴되고 본래 모습을 잃었습니다. 그래서 환경부는 2000년부터 2010년까지 용늪 생태계를 보전하기 위해 사람들의 출입을 통제합니다.

섬서구메뚜기는 논이나 풀밭에서 쉽게 볼 수 있습니다. 암컷이 새끼를 등에 업고 있는 것처럼 보이지만, 암컷의 등 위에 몸집이 작은 것이 수컷입니다.

:: 태백의 습지들_ 낙동강 물줄기가 출발하는 곳

낙동강은 강원도 태백시 화전동에 해발 1442m 높이의 천의봉 1160m 지점에 있는 너덜샘에서 발원하여 남쪽으로 흐릅니다. 낙동강이 출발하는 태백에도 습지가 여러 개 있습니다.

황지천 : 황지천은 강원도 태백 시내를 지나는 하천입니다. 지대가 높고 하천의 폭이 좁아 물살이 센 편입니다. 환경부 조사에 의하면 98종의 식물이 살고 있다고 합니다.

황지연 : 태백시 안에 위치하고 있고 시민들이 휴식을 취하는 공원으로 사랑받고 있습니다. 이곳에서는 말즘과 큰물통이를 포함해 24종의 식물이 관찰되었습니다.

구문소 : 황지천과 철암천 2개 하천이 합류하는 지점으로 태백시 안에 있습니다. 고마리, 소리쟁이, 명아주, 달뿌리풀, 물피들이 군락을 이루고 있습니다. 환경부 조사 결과 38종의 식물이 살고 있는 것으로 확인되었습니다.

:: 철원평야, 민통선 부근 _ 흰 눈 어우러진 두루미 보금자리

강원도 철원평야는 군사시설 보호구역이면서 철새 도래지로서 중요한 곳입니다. 철원평야는 43.32km^2에 이르는 농경지와 저수지, 그리고 하천으로 이루어져 있습니다. 특히 두루미의 서식지로 보존 가치가 높은 곳이지요. 겨울철 흰 눈이 내릴 때 두루미가 철원평야에서 먹이를 찾고 사랑하는 몸짓을 보고 있노라면 마치 신선이 된 것 같은 착각에 빠집니다.

정부에서는 철원평야를 낙동강 하구, 금강 하구와 함께 국가습지보전사업지로 선정해서 보전하기로 했어요. 하지만 지역 주민들은 철원군 번영회를 주축으로 이 사업을 반대하고 있습니다.

정부 입장은 "철원 지역은 남과 북이 대치하고 있는 한 각종 규제 행위 때문에 지역 경제를 발전시키는 데 한계가 있는 만큼

철원평야 위를 날고 있는 쇠기러기 떼.

철원에 남은 전쟁의 흔적

철원군 동송읍 하갈리에 있는 삼송봉(129m)은 이른바 아이스크림 고지라고 불린다. 옛날에는 봉수대로 쓰였는데, 당시 한국전쟁에 참전한 유엔군들이 이 삼송봉이 집중적인 포화를 받아 시시각각 바뀌는 모양이 마치 아이스크림이 흘러내리는 것 같다며 아이스크림 고지라는 이름을 붙였다.

포탄 가루가 무릎까지 쌓일 만큼 전투가 치열했던 백마고지(395m)는 철원읍 대마리에 있다. 한국전쟁의 격전지로 열흘 동안 무려 24번이나 탈환이 일어났고 사상자가 2만여 명에 달했던 피의 현장이다.

이 밖에도 철원은 '김일성 고지', '피의 능선', '저격능선', '수도고지', '오성산 전투' 등 헤아리기 어려울 정도로 많은 전투가 벌어진 곳이다.

8 · 15 광복을 맞은 후에는 북한에서 이곳에 노동당사를 세웠는데, 이것은 러시아식 공법으로 만든 연건평 570평에 3층짜리 무철근 콘크리트 건물이었다. 지금은 2, 3층이 내려앉아 뼈대만 남아 있다.

생태계 및 습지 생태계를 잘 보존하고 활용해 주민들에게 혜택이 돌아갈 수 있도록 습지보전사업을 추진한다."는 것인데, 주민 입장은 "철원평야 농경지 대부분은 원래부터 자연 습지가 아니라 일제 시대에 평강 봉래호를 건설하고 1970년대에는 토교저수지를 건설하는 등 각종 저수지를 축조하면서 농경지로 활용된 것"이라며 습지보전사업 추진에 대해 반대하는 것입니다.

다시 말하면 습지보전사업은 결국 철원 지역을 습지 보전 지역으로 지정하는 것뿐만 아니라 국제기구와 협약을 통해서 많은 규제를 가하기 때문에 생업인 농업 활동에 지장을 초래한다는 것이지요.

:: 무제치늪_ 한반도 지형 발달의 열쇠

무제치늪은 규모면에서 강원도 대암산 용늪에 버금가는 산지습지로 희귀 동식물의 보고이기도 합니다. 울산시 울주군 웅촌면, 삼동면, 해북면에 걸쳐 있는 정족산(700미터)의 8부 능선에 위치하고 있습니다. 학자들은 온도 차이로 기계적 풍화작용이 일어나 형성된 늪지인 대암산 용늪과 달리 무제치늪을 침식에 의해 만들어진 분지라고 합니다. 무제치늪은 특히 그 형성과 환경 변화로 한반도 전체에 대한 지형 발달 과정을 해석할 수 있는 근거를 제시해 준다는 점에서 자연 실험장으로 꼽힙니다.

무제치늪에서는 송장헤엄치게처럼 산지습지에 사는 곤충들을 곧잘 발견할 수 있습니다. '송장헤엄치게'라는 독특한 이름은 헤엄치는 모습이 마치 송장처럼 거꾸로 누워 있다고 해서 붙었습니다.

무제치늪은 고산습지로 환경 보존 가치가 높아 1998년 환경부로부터 생태계 보전 및 습지보호지역으로 지정됐어요. 정족산에는 산림 도로가 여러 곳 뚫려 있는데도 도로 입구에 차단막을 제대로 설치해 놓지 않아 차량들이 마구 드나듭니다. 그래서 무제치늪 한가운데 자동차 바퀴자국이 나 있는 것은 물론이고,

무제치늪은 국내에서 가장 오래된 고층습원이면서 습지식물의 최대 군락지로 꼽힙니다.

희귀 식물을 캐 간 흔적이 발견된 적도 있어요. 무제치늪처럼 물이끼로 이루어진 스펀지 같은 고층습원을 사람들이 밟으면 이탄층이 다시 회생하는 데까지 100년이 걸린다고 합니다. 따라서 이런 습지를 보호하기 위해서는 사람의 발길이 닿지 않아야 합니다.

저층습원인 우포늪에 줄, 자라풀, 마름, 노랑어리연 같은 부유 및 침수성 수생식물이 많다면, 고층습원인 무제치늪에는 끈끈이주걱, 꽃창포, 큰방울새란, 두루미꽃, 그늘사초, 동의나물들이 많이 서식하고 있어요.

도로에 인접한 제1늪은 사람들의 발길이 잦아 자연 생태계가 점차 훼손되고 있는 실정입니다. 이곳에는 가는오이풀, 억새, 은방울꽃, 물매화, 큰방울새란이 많이 관찰되고 있습니다. 또 이삭귀개, 땅귀개, 끈끈이주걱 같은 식충(벌레잡이)식물들도 많습니다.

제2늪은 억새와 진퍼리새가 군락을 형성하고 있고, 물이 있는 곳에는 식충식물과 더불어 도깨비사초, 올챙이고랭이 같은 사초과 식물이 자라고 있습니다. 또 물고추나물, 큰피막이풀, 산제비란, 잠자리란, 양지꽃, 갈대도 많아요.

제3늪과 제4늪은 도로 같은 외부 환경에 영향을 많이 받지 않는 곳에 있습니다. 동의나물, 은방울꽃, 엘레지, 끈끈이주걱, 큰방울새란 들이 군락을 이루고 있어 여름철에 다양한 산지 식물을 관찰할 수 있답니다.

맨 위부터 닭의장풀, 끈끈이주걱, 물자라.

고생대 이전에 등장한 곤충

지구상에 인류가 출현한 것은 50만 년이 채 되지 않는다. 그러나 곤충은 이보다 훨씬 앞선 3억 5000만 년 전 고생대 이전에 등장했다.

과학자들이 연구한 바에 따르면 현재 지구상에 있는 곤충 수를 모두 더하면 1000경에 이를 것이라고 한다. 경은 1조보다 1만 배가 큰 수치이므로 엄청난 양이다. 흰개미는 군체가 100만이 넘고, 이동성 메뚜기는 10억 마리에 이른다.

곤충은 지구 어디서나 발견할 수 있다. 남극의 만년설, 펄펄 끓는 온천에도 살고 있다. 미생물과 마찬가지로 곤충이 생물들의 배설물이나 썩은 고기를 먹어 치우지 않는다면 지구는 금방 배설물과 사체로 뒤덮일 것이다.

또 늪 위쪽에 미역줄나무가 군락을 이루고 있고 솔잎사초, 청사초, 그늘사초, 산비늘사초 등 사초과 식물이 많이 자라고 있습니다. 제3 · 제4늪은 제1 · 제2늪과 달리 흰제비란, 바늘꽃, 송이풀, 족도리풀, 두루미꽃이 많습니다.

더욱이 무제치늪에는 큰물자라, 꼬마잠자리 같은 희귀종이 많이 관찰되며 산지습지라는 독특한 서식 환경에 적응한 곤충들이 많이 서식하고 있어 학계의 관심을 끌고 있기도 해요. 그래서 쇠측범잠자리, 당콩물방개, 메추리장구애비, 송장헤엄치게, 실소금쟁이, 검정물방개처럼 산지습지에 사는 곤충들을 쉽게 볼 수 있답니다.

천성산 터널과 지율 스님

가지산 경남도립 공원 일대에는 천성산(예전의 원효산으로 922.2m), 운문산, 취서산, 신불산 등 1000m 높이 안팎의 산들이 즐비한데다 산세도 빼어나 산악인들은 이곳을 '영남의 알프스'라고 부릅니다. 이 중에서도 천성산은 터널이 건설된다고 하자 지율 스님이 생태계가 파괴될 것을 염려하여 단식을 벌이면서 반대했던 곳이기도 합니다. 천성산에는 산지늪인 밀밭늪과 화엄늪이 있고, 취서산에는 단조늪이 있습니다.

경남 양산시 웅상읍 소주리에 위치한 밀밭늪은 천성산 675~725m 높이에 자리하고 있는데, 길이는 250m, 폭 100m

날개를 접고 앉아 있는 노랑나비. 생활력이 강하고 애벌레 때는 개자리·완두·남아초 따위의 잎을 먹습니다.

천성산에 있는 밀밭늪입니다. 밀밭늪은 화엄늪과 더불어 천성산의 대표적인 산지늪으로 특히 자연 생태가 보존되어 있는 곳으로 알려져 있는데, 터널 공사 문제로 많은 논란을 빚기도 했습니다.

정도이며 소나무와 참나무류로 둘러싸여 있어요. 용늪이나 무제치늪과 닮은 전형적인 분지형 고층습원이지요.

이곳은 1999년 한국자원식물연구원의 정우규 박사가 발견했는데, 약 7000여 평 규모로 천성산 제2봉 아래 자리 잡고 있습니다.

대표적인 식물 군락은 진퍼리새이며 그 외에도 산새풀, 야지피, 끈끈이주걱 들의 군락이 있고, 주변에는 억새, 산철쭉, 진달래, 미역줄나무, 소나무, 떡갈나무, 신갈나무 들이 군락을 이루고 있어요. 그런데 늪 가운데로 등산로가 생기면서 점차 훼손되고 있어 습지가 파괴될까 우려되고 있습니다.

밀밭늪 습지와 그 주변에는 총 252종의 식물상이 분포하고 있는 것으로 나타났습니다.

멸종 위기 야생동식물로 벌레잡이 식물인 이삭귀개와 끈끈이주걱이 관찰되었고, 독성 식물인 미치광이풀과 희귀 식물인 잠자리난초, 흰제비란이 각각 발견되었다고 하네요. 특히 무늬생강나무는 정우규 박사에 의해 최초로 발견되었다고 합니다.

잠자리난초는 큰잠자리란이라고도 부르는데, 흰색으로 핀 꽃이 마치 잠자리가 앉아 있는 듯 보입니다.

:: 화엄늪_ 원효대사의 전설이 깃들다

화엄늪은 천성산 798m에 있는 고층습원으로 강원도 대암산 용늪과 울산의 무제치늪, 지리산의 왕등재늪과 함께 우리나라 산지늪 연구에 중요한 자연 유산으로 꼽힙니다. 원효대사가 당

천성산 봄 풍경.
오른쪽 사진은 맨 위부터 개별꽃, 흰제비꽃, 노랑제비꽃

나라에서 온 승려 1000명을 「화엄경」으로 교화시켜 성인을 만들었다는 이야기가 전해지는 곳입니다.

경남 양산시 하북면 용연리 천성산 북쪽 능선에 위치하며 늪의 크기는 길이 500m, 폭 150m 정도입니다. 주변에는 초원이 발달해 있고 동쪽과 남쪽은 암벽, 서쪽은 참나무류가 많습니다. 대표적인 식물 군락은 진퍼리새이고, 산새풀, 앵초, 끈끈이주걱이 군락을 이루고 있습니다.

그러나 천성산 동쪽에 철쭉제를 비롯한 행사들로 등산객이 점차 늘어나면서 훼손이 진행되고 있습니다.

화엄늪에 서식하는 식물은 235종으로 알려져 있습니다. 멸종위기 야생동식물인 이삭귀개, 끈끈이주걱와 희귀 식물인 잠자리난초, 흰제비란, 수정란풀이 발견되었습니다.

화엄늪에는 235종의 식물이 서식하고 있는데, 곳곳에 생긴 등산로로 인해 산림 훼손이 일어나고 있습니다.

:: 단조늪_ 설앵초와 작은황새풀, 단조늪에 피다

경남 양산시 원동면 선리 취서산 북쪽 능선에 있는 단조늪은 취서산 940~1050m 높이에 자리하는데, 늪의 크기는 습지부가 7000m^2 정도이고 습지부 주변의 고산 초원 지대를 포함하면 30만~35만 m^2 정도로 주변에 초원이 드넓게 펼쳐져 있어요. 동쪽과 남쪽은 암벽으로, 서쪽은 참나무류의 숲으로 둘러싸여 있습니다.

단조늪에는 중층과 고층습원 지표식물이 많습니다. 특히 작은황새풀은 동아시아 고층습원의 지표종입니다. 사진은 맨 위부터 순서대로 작은황새풀, 검은물잠자리, 꽃창포.

경남발전연구원이 조사한 자료에 따르면 이곳의 대표적인 식물 군락은 물이끼를 비롯해 작은황새풀, 진퍼리새, 동의나물, 설앵초 군락 같은 중·고층습원의 지표식물 군락들이 많이 있다고 합니다.

특히 작은황새풀 군락과 설앵초 군락은 무제치늪이나 용늪에서 발견된 적이 없고, 작은황새풀은 동아시아 고층습원의 지표종으로 알려져 있습니다.

단조늪 습지와 그 주변 초원 지대에는 219종의 식물이 사는 것으로 학계에 보고되었는데, 이는 무제치늪(110종)에 비할 때 두 배에 이르는 수치입니다.

희귀 식물로는 환경부 지정 멸종 위기종인 솔나리, 설앵초, 개족도리풀, 이삭귀개가 조사되었습니다. 이 가운데 솔나리는 백합육종의 분홍색 유전자원 식물이고, 설앵초는 한라산과 북한에서만 발견되었던 식물입니다. 또 다른 희귀 식물로는 복주머니란을 비롯해 잠자리란과 흰제비란이 있고, 특산 식물로는 산오이풀, 작은황새풀, 정영엉겅퀴, 개족두리풀, 꽃창포 등 10종이 있는 것으로 조사되었습니다.

:: 양산 원동 습지_ 버들이 흔들, 자라풀이 둥실

낙동강 본류는 길이가 525km이고 그 유역 넓이가 2만

3859km^2로 전체 국토 면적의 24.1%에 이르고 있습니다. 강원도 태백산 황지에서 발원하여 경북, 경남, 부산을 거쳐 남해로 유입되는 우리나라에서 압록강 다음으로 긴 강입니다.

경남 양산시 원동면에 있는 원동 습지는 넓이가 12만 6000평(0.4km^2) 정도이며 여름철 집중호우나 태풍으로 낙동강 물이 범람하면 습지 면적이 이보다 두 배 많은 24만 평(0.8km^2)에 이른다고 해요. 원동 습지는 대부분이 사유지인데, 원동천의 하상 정비 계획이 진행되고 있어 둑으로 인한 습지 파괴와 훼손이 우려되고 있습니다.

낙동강 주변에 있던 많은 습지들이 이미 농경지, 주거 단지, 공장 따위로 전환되면서 사라진 점을 생각한다면 원동 습지도 정부 차원에서 대책을 수립해야 한다는 지적이 일고 있어요. 낙동강 하류에는 지난 1918년까지 지도상에 98개 습지가 있는 것으로 나타나 있었지만 지금은 대부분이 매몰되거나 간척으로 사라지고 19개만 남아 있습니다.

원동 습지는 버들류가 차지하는 면적이 전체의 30% 정도인데, 버들류는 동물들의 은신처가 되어 주고 영양염류를 순환시키며 홍수를 조절하는 데 중요한 역할을 합니다. 원동 습지에는 줄과 갈대도 많이 분포하고 있는데, 이들은 질소와 중금속을 흡수하여 수질을 정화시키는 능력이 있습니다. 또한 다른 습지에서는 볼 수 없는 자라풀 군락과 창포도 확인되었고 식충식물인 통발이 관찰되기도 합니다.

산지에서 잘 자라는 털중나리(위)는 약재로도 쓰는데, 꽃이 아래쪽을 향해 있습니다. 날개하늘나리(아래)는 7, 8월에 꽃이 피는데 자줏빛 반점이 있습니다.

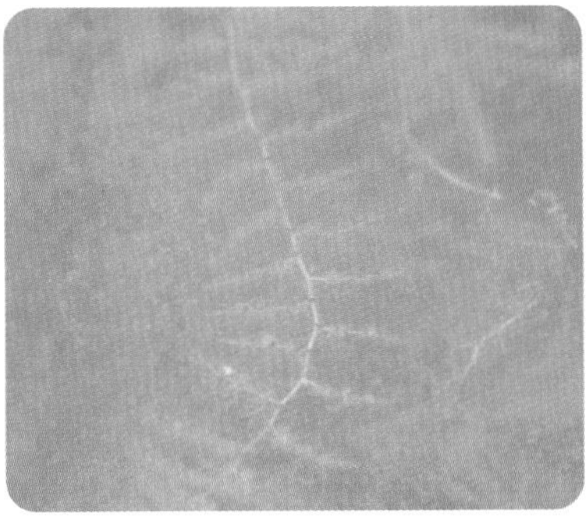

맨 위부터 순서대로 벌개미취 꽃에 앉아 있는 넓적허리노린재, 통발, 도롱뇽. 식충식물인 통발은 뿌리가 없고 벌레잡이통에 벌레가 들어오면 오므라들어서 그것을 소화시킵니다.

환경부 조사에 의하면 원동 습지에는 식물 156종, 조류 21종, 파충류 1종, 양서류 3종, 어류 37종이 살고 있습니다. 곤충은 104종이 살고 있는 것이 확인되었는데, 딱정벌레목과 노린재목이 17%로 높게 나타났으며 그 다음이 파리목으로 16%를 차지하고 있습니다.

:: 질날늪_ 백악기의 숨결이 담긴 자연늪

우리나라에서 자연늪이 가장 많은 곳은 경남 함안 지역입니다. 늪 이름을 가진 곳만 해도 55개소에 이르고 여름철 일정 기간 물을 담고 있어 늪 기능을 하는 곳까지 합하면 100여 곳이 넘습니다. 함안군 가야읍과 대산 · 법수 · 군북 · 칠서면의 낮은 지역은 중생대 백악기(1억 1000만 년 전) 때부터 거대한 자연 늪이었다고 추정됩니다. 언제든 조건만 맞으면 늪이 형성될 수 있고 땅속에 잠재해 있는 늪지식물의 씨앗이 싹틀 수 있는 지역이기 때문에, 학계에서는 함안 지역을 '늪지 생태계의 보고'라고 부르기도 합니다.

경남 함안군 법수면 우거리와 대송리 일대에 걸쳐 있는 질날늪은 북쪽으로는 대평늪, 서쪽으로는 석교천 습지와 각각 경계를 이루고 있습니다. 남해고속도로와 경전선, 그리고 67번 지방도가 통과합니다.

질날늪 상류부는 1990년 말에 매립되고 공장 용지로 지정되는 바람에 습지가 많이 줄었어요. 1984년에 천연기념물 346호로 지정되어 관리될 정도로 습지 생태 환경이 우수한데도 메우고 개발하여 안타까움을 더하고 있습니다. 질날늪 동쪽은 줄 군락이 많고, 고마리, 바늘여뀌, 소리쟁이 들이 자라고 있습니다. 물 위에는 마름과 자라풀을, 물속에는 붕어마름을 많이 관찰할 수 있어요.

질날늪에서는 까치살무사와 함께 보호 가치가 높은 가시연꽃 군락지가 확인됐어요.

또 동쪽과 서쪽 지역에는 왕버들 군락, 남쪽과 북쪽에는 줄 군락, 중앙 수면 부분에는 마름 군락이 많이 분포하고 있습니다.

나비잠자리(위)와 질날늪 전경(아래). 나비잠자리는 뒷날개가 더 넓고 날개가 마치 나비처럼 생겼습니다.

뜸부기는 둥지 틀고 남생이는 모래 구멍을

경남 함안군 법수면 대송리에 있는 대평늪은 인근의 질날늪과 함께 가시연꽃과 자라풀 같은 수생식물이 잘 자라는 서식 환경으로 인정받아 1984년에 천연기념물 346호로 지정(늪지 식물 보호 구역)되었습니다. 남강으로 흘러드는 지류의 중하류에 위치하면서 질날늪과 수로로 연결되어 있어 인근 논농사 지역의 중요한 농업용수 공급원으로 이용되고 있어요. 한때는 10만여 평(33만 580m^2) 규모에 자라풀, 가시연꽃, 통발 같은 희귀 생물이 많은 곳으로 알려 졌지만, 1990년대 후반부터는 매립을 많이 하고 인근에 공장과 축사가 들어서면서 물이 줄어들어 점차 육지화가 진행되고 있습니다. 환경부에서는 대평늪을 습지보호지역으로 지정하여 관리할 것을 제안했지만 토지 소유자들은

사랑을 부르는 새들의 몸짓

새들은 번식기에 사랑의 노래를 부른다. 이때 노래를 부르는 것은 수컷이다. 수컷은 암컷을 유인하면 거의 노래를 부르지 않는다. 사랑을 부르는 행위는 노래로만 하는 것이 아니다. 논병아리는 암수가 서로 수중발레를 하고, 물총새와 쇠제비갈매기는 물고기나 우렁이 따위를 잡아 암컷에게 선물한다. 물총새는 잡은 물고기를 바위에 패대기쳐 항상 머리 부분부터 암컷의 입에 넣어 주고 두루미는 참개를 잡아 발을 다 떼고 물에 헹군 다음 암컷에게 준다고 한다.

개개비사촌과 굴뚝새는 둥지를 사랑의 수단으로 삼는다. 좋은 집이 마련되어 있다고 은근히 과시하는 것이다.

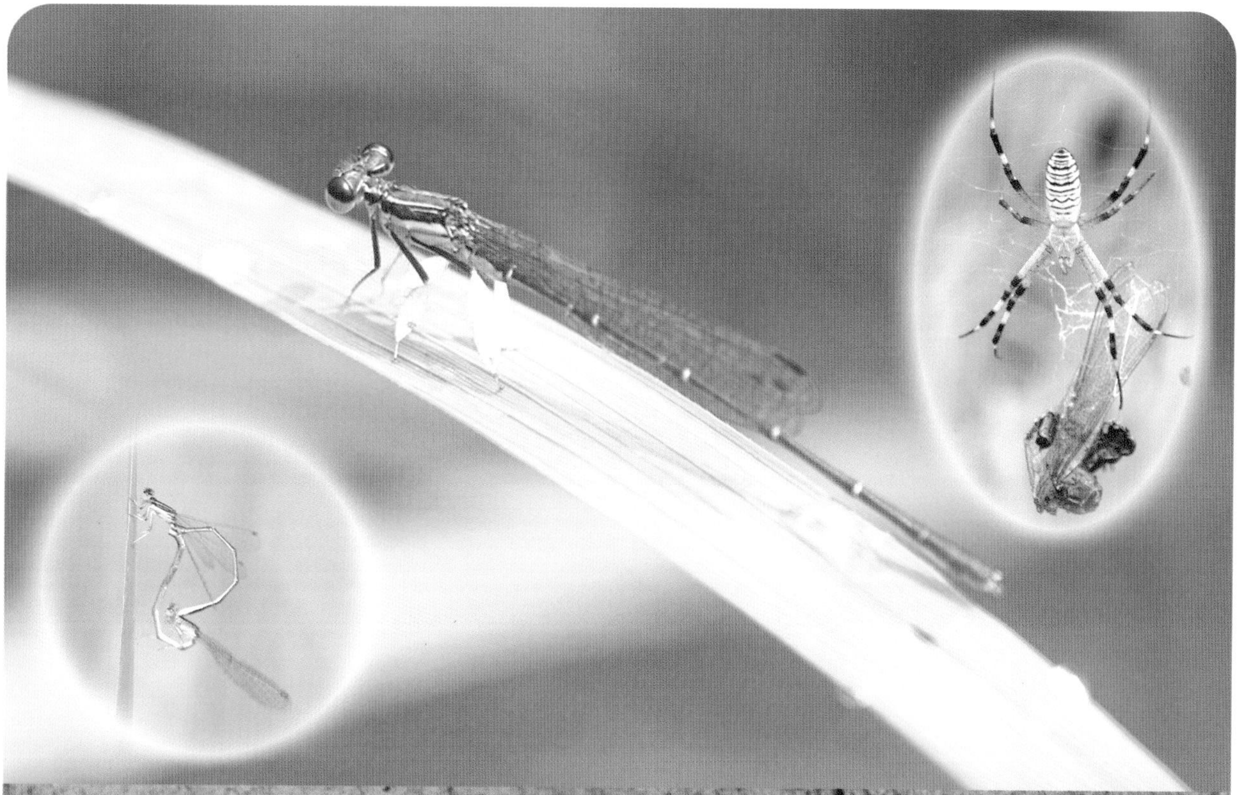

방패실잠자리(위)와 우렁이. 원 안은 맨 왼쪽부터 시계 방향으로 아시아실잠자리, 호랑거미, 밀잠자리, 딱새 수컷.

각종 규제 행위가 늘어난다는 이유로 반대하고 있다고 합니다.

특히 대평늪에서는 보호 야생동물인 뜸부기와 남생이, 까치살무사가 발견됐고 여우와 삵, 수달이 관찰되기도 했는데, 더 정확한 조사가 필요한 실정입니다.

맨 위부터 순서대로 물옥잠, 고마리, 줄점팔랑나비. 고마리는 뿌리가 발달한 덕에 물을 정화시키는 능력이 뛰어나 '고마운 이'라고 불리다가 고마리라는 이름이 붙었습니다.

:: 석교천 원동 습지_ 물여뀌 모여 사는 남산벌

석교천 습지는 경남 함안군 군북면(10개 리)과 법수면(3개 리)에 걸쳐 있는데, 이곳 주민들은 남산벌이라고 부르기도 해요. 1960년대 이후 산업화와 도시화가 빠르게 진행되면서 많은 부분이 농경지로 개간되고 주택과 공장, 축사가 들어서자 습지 면적이 크게 줄었어요. 석교천 습지에는 국내에서 보기 드문 물여뀌가 군락을 이루고 있고, 여뀌, 나도미꾸리낚시, 기생여뀌, 갈풀, 바람하늘지기 들도 관찰할 수 있습니다. 또 구슬갓냉이, 자라풀도 다량 서식하고 있는 것이 확인되었어요.

또한 멸종 위기에 처한 보호 야생동물인 말똥가리(2급), 뜸부기(2급), 맹꽁이, 남생이, 까치살무사와 천연기념물인 새매가 살고 있습니다.

:: 밀양강 하구 습지_ 너른 강 언저리 47개 습지

밀양강은 대부분이 경남의 중동부 지역으로 밀양시와 창녕군, 양산시에 걸쳐 있으며 창원시 · 김해시 · 의령군 일부와 울산시 · 부산시 · 경북 청도군 일부로 이어집니다. 밀양강 일대는 옛 가야 땅으로 가야와 신라 시대부터 조선 시대 후기까지의 각종 유물 및 유적지가 많습니다.

밀양강은 동창천과 단장천, 제대천을 차례로 합류한 뒤 밀양시 삼랑진 부근에 이르러 동쪽으로 흐르는 낙동강과 만나 하나가 됩니다. 강의 길이는 96km, 유역 면적은 1476km^{2}나 돼 강의 길이에 비해 유역이 넓다는 것을 알 수 있습니다. 낙동강 하류와 밀양강 일대에는 47개의 습지가 있으며 이 일대에는 주로 마름, 검정말, 말즘, 개구리밥, 노랑어리연꽃, 생이가래, 가래, 줄, 붕어마름, 부들, 자라풀, 보풀 등 30여 종의 식물들이 군락을 이루고 있어요.

생이가래와 개구리밥. 생이가래는 잎이 세 개씩 나는데, 두 개는 물 위에 뜬 채로 마주 보고 있고 한 개는 물속에서 뿌리 같은 역할을 합니다.

:: 남강 습지_ 다목적댐 건설로 줄어든 습지

신령스런 산으로 여겨지는 지리산(1915m)과 남한에서 네 번째로 높은 산인 덕유산(1614m)에서 발원한 남강은 강의 길이가 186.3km며 유역 면적은 3492km^{2}로 낙동강 지류 중 강의 길이가 가장 깁니다.

남강은 경남 진주시 진양호에서 덕천강, 경호강, 양천이 만나면서 시작되기 때문에, 남강이라고 하면 진양호에서 낙동강과의 합류 지점까지를 일컫습니다. 북으로는 남덕유산, 금원산(1353m)을 경계로 거창과 접하고 있으며 동으로는 황매산을 경계로 합천, 의령과 접합니다. 서쪽으로는 소백산맥의 윈줄기인 백운산(1219m), 삼봉산(1187m)이 지리산을 경계로 전라도와 접해 있습니다.

남강 유역의 하류는 지난 1970년 우리나라 최초의 다목적댐인 남강댐이 만들어지기 전까지는 습지가 많았으나 댐 건설로 많은 습지가 농경지 따위로 바뀌고 지금은 일부만 남아 있습니다. 환경부 조사에 의하면 남강 유역에는 경남 함안군 관내에 23개의 습지가 남아 있는 것을 비롯하여 진주시 관내에 15개, 사천시와 의령군 관내에 각각 15개, 산청군 관내에 2개, 하동군 관내에 1개가 있어 총 51개 습지가 남은 것으로 확인되었습니다. 학계와 지역 주민들의 말에 따르면 낙동강, 남강, 밀양강 유역에는 산업화가 되기 전인 1960년대 이전까지 500여 곳의

여름에 노란 꽃이 피는 물레나물은 다섯 개 꽃잎이 달걀 모양으로 나 있고 한쪽 방향으로 굽어서 바람개비처럼 보입니다.

크고 작은 습지가 있었던 것으로 전해지고 있습니다.

:: 황강 습지_ 강어귀엔 습지식물과 곤충이…

경남 합천군에 있는 황강은 주변에 높은 산들이 많아 경사가 급합니다. 황강의 발원지는 상류의 덕유산(1614m) · 남덕유산(1508m) · 대덕산(1290m) · 가야산(1430m) · 기백산(1331m) 등 해발 1000m 고지가 넘는 고산들입니다. 강 주변으로 많은 습지가 있었지만 하천 공사와 도로 및 교량 건설, 농경지 조성으로 대부분 사라졌습니다.

그러나 강어귀 곳곳에는 습지식물과 곤충이 많이 관찰되고 있습니다.

하늘산제비란은 제비란의 변종으로 보기도 하는데, 꿀주머니가 위로 향해 있습니다.

:: 화포 습지_ 황조롱이와 수리부엉이가 날고

경남 김해시 진영읍, 진례면, 한림면, 생림면에 걸쳐 있는 화포 습지는 낙동강 지류인 화포천 주변에 형성된 습지로 면적이 36만여 평(1.184km²)에 이르는 장대한 습지입니다.

화포천은 김해시 진례면 산본리의 용지봉에서 발원하여 진례 분지를 거치고 한림면 장방리에서 용덕천과 사촌천을 합류

황조롱이(왼쪽)가 날개와 몸을 쭉 펴고 납니다. 시골가시허리노린재(오른쪽)는 낮은 산지에서 사는데, 더듬이가 몸 길이와 같을 정도로 깁니다.

한 뒤 낙동강으로 흘러듭니다. 화포천은 길이가 21km, 유역 면적이 137.45m²입니다.

환경부 조사에 의하면 화포 습지에는 총 136종의 식물이 살고 있는 것이 확인되었는데, 이 가운데 수생식물이 29종(21.3%), 습생식물이 32종(23.5%), 주변 식물이 75종(55.1%)이고 창포가 군락을 이루고 있습니다.

특히 화포 습지에는 구슬갓냉이가 살고 있는 것이 확인되었는데, 이 식물은 그동안 충북 단양 이북 지역에만 분포하는 것으로 학계에 보고되어 있었기 때문에 생태학적으로 의미가 크다고 할 수 있어요. 이와 함께 화포 습지에는 분개구리밥이 서식하고 있는 것으로 확인되었는데, 이 식물은 우리나라에서 처음 관찰된 것이라고 합니다.

환경부 조사에 의하면 화포 습지에는 땅 위의 곤충이 68종, 물에 사는 곤충이 48종으로 확인되었습니다. 강으로 이어지는 습지에는 미생물이 많아 이들이 강물을 깨끗하게 해 주는 역할을 합니다. 물고기는 우리나라 고유종인 각시붕어와 참몰개, 외래종인 블루길과 베스를 포함해 총 17종이 살고 있는 것이 확인되었습니다.

또 새는 천연기념물인 황조롱이가 서식하고 환경부 지정 멸종 위기 야생동식물 2급인 말똥가리, 알락개구리매, 수리부엉이 등 총 31종이 살고 있다고 해요. 양서류는 9종, 파충류는 12종이 살고 있는데, 멸종 위기 야생동식물로는 양서류 중에서는 2급인 맹꽁이가, 파충류 중에서는 1급인 구렁이와 2급인 남생이가 살고 있는 것이 확인되었습니다.

대백로는 왜가리과 새들 가운데 가장 큽니다. 번식기에 머리에서 등까지 나는 장식깃이 특히 아름답습니다.

:: 하벌 습지_ 우포늪과 이웃해 생태도 닮은꼴

하벌 습지는 국내 최대의 자연 늪인 우포늪 인근에 위치하고 있습니다. 행정구역상으로는 경남 창녕군 이방면의 서쪽입니다. 이방면 석리와 현창리에 있는 하벌 습지의 상류는 석리천으로, 이방면 석리의 독지골산(218.8m)에서 발원한 물이 낙동강으로 흘러갑니다. 하벌 습지는 우포늪과 마찬가지로 후빙기에 바다 수면이 높아지자 자연제방이 쌓여 석리천의 물이 빠져나가지 못하면서 생긴 습지예요. 면적은 5만 4000평(0.18km^2) 정도이며 우포늪과는 3km쯤 떨어져 있습니다.

하벌 습지는 원래 하벌과 오리굼이라는 2개의 늪과 주변 경작지로 이루어져 있었으나 현재는 오리굼의 3분의 2 정도는 양어장으로 쓰이고 있고 주위 경작지는 사용하지 않아 생태계가 천이(습지에서 육지로 변해 감) 과정에 있습니다.

하벌 습지 주변에 있는 경작지에서 황로 한 마리가 쉬고 있습니다.

환경부 조사 결과 하벌 습지에는 수생식물 26종, 습생식물

31종, 주변 식물 59종 등 총 116종의 식물이 살고 있는 것으로 확인되었습니다. 또 육상곤충은 63종, 수서곤충은 55종입니다.

물고기는 끄리, 치리 등 13종이 관찰되었고, 새는 검은댕기해오라기, 황로, 알락오리, 붉은머리오목눈이 등 13종이 관찰되었습니다. 또 양서류는 멸종 위기 야생동식물 2급인 맹꽁이 등 7종이, 파충류는 2급인 남생이 등 6종이 각각 확인되었습니다.

여러해살이 수초인 연꽃은 꽃이 크게 핍니다. 물에 잘 젖지 않고 물이 잎에 닿으면 그대로 굴러 떨어집니다.

:: 부용대늪 _ 부드러운 모래는 벌판을 이루고

경북 안동의 하회마을에 있는 부용대늪은 주변 경관이 매우 아름답습니다. 하천 유역이 넓고 모래톱이 잘 발달된 지역으로 습지식물이 서식하기 좋은 환경입니다. 왕버들과 물억새가 군락을 이루고 있고 식물은 101종이 분포하고 있는 것으로 조사되었습니다.

먹이사슬을 유지시키는 양서 · 파충류

양서 · 파충류는 먹이사슬의 중간 단계에 있다. 이들은 소형 설치류 및 조류의 훌륭한 먹잇감이 되기도 하는데, 뱀류의 경우 사람들에게 여러 가지 병을 옮길 수 있는 설치류를 많이 잡아 먹어 생태계에 안정과 균형을 유지시켜 준다. 이와 함께 환경오염의 지표종인 양서 · 파충류의 감소는 다른 분류조에 해당하는 여러 종에도 큰 영향을 미친다.

:: 내성천 습지_ 고마리와 흰여뀌

내성천 습지는 경북 봉화군 물야면 내성천 상류에 위치하고 있습니다. 내성천은 낙동강의 지류로 길이가 106.29km입니다. 환경부 조사 결과 이곳에는 고마리, 흰여뀌 등 식물 51종이 서식하고 있는 것으로 확인되었습니다. 고마리는 뿌리가 발달해 물을 정화시키는 자연정화 기능이 뛰어나 '고마운 이'라는 뜻으로 고마리라는 이름이 붙었다고 합니다.

:: 공검지 및 중덕저수지_ 청아한 연꽃 웃음 짓고

경북 상주시에 있는 공검지 및 중덕저수지는 해마다 연꽃축제가 열릴 정도로 연꽃이 많습니다. 환경부에서 조사한 결과에 따르면 식물종은 공검지에 54종, 중덕저수지에는 48종이 살고 있는 것으로 확인되었습니다.

:: 황금동 일대 습지_ 겨울 철새를 위한 선물

경북 김천시를 가로지르는 황금동 일대 습지는 겨울 철새들이 많이 찾는 곳으로 모래톱이 잘 발달되어 있습니다. 그러나

도로 개설과 하천 정비 과정에서 생태계가 훼손되거나 파괴되고 있어 뜻있는 김천 시민들과 이곳 환경단체들은 크게 우려하고 있습니다.

:: 박실지_ 순백의 고니, 그 아름다운 무리

경남 합천군 용주면 평산리와 손목리에 있는 박실지는 이른바 해곡늪으로 불리는 평지형 저수지입니다. 정부는 천연기념물 201호인 고니(백조)가 무리지어 이 지역에 찾아들자 1962년 이 일대 22만 5310평(0.74km^2)을 천연기념물로 지정했으나 철새 수가 줄어든다는 이유로 1973년에 다시 해제했습니다.

둘레 5.5km에 총 면적 12만여 평(0.4km^2)인 박실지는 합천댐 하류에 자리 잡고 있는데, 황강에 토사가 쌓이면서 바닥이 높아져 황계천 물이 황강으로 원활하게 유입되지 못하여 생긴 습지

개개비가 여름을 알리며 박실지 억새풀에서 요란스럽게 울어 댑니다.

입니다. 또한 환경부 조사 결과 이곳에는 식물 114종, 어류 32종, 포유류 11종, 조류 32종, 양서류(6종) 및 파충류(2종) 8종이 살고 있는 것으로 확인되었습니다. 또한 환경부 보호종인 금개구리가 발견되기도 했습니다.

:: 정양지_ 황강 바다에 쌓인 퇴적물로 생성

경남 합천군 대양면 정양리와 아천리에 걸쳐 있는 정양지는 24만 4000평(0.8km^2) 규모로 박실지와 같이 황강의 바닥에 퇴적물이 쌓이면서 하천이 강으로 흘러들지 못해 생긴 늪입니다.

환경부 조사 결과 식물은 104종이 살고 있고 물고기는 32종

지구의 주인은 개미?

침팬지는 인간과 유전자가 99%나 일치하지만 국가를 세워 전쟁을 벌이거나 농사를 짓지는 못한다. 그런데 개미 사회에서는 사람의 진화 과정과 똑같은 일이 벌어지고 있다고 한다. 과학자들에 의하면 인간은 600만 년 전에 침팬지와 갈라졌다고 한다. 반면 개미의 가장 오래된 화석은 인류 역사보다 열 배는 앞선 신생대 초기(6000만 년 전) 것이고, 실제로 개미는 이보다 앞선 중생대 백악기에 출현한 것으로 추정되고 있다. 개체수는 인간이 60억 정도인데 개미는 1억의 1억 배 정도라고 한다. 개미는 크기가 채 1mm도 되지 않는 것이 있고 큰 것이라 해도 3cm 정도에 불과하다. 그러나 이들 개체를 모두 합치면 그 무게가 인류와 거의 맞먹는 수준이 된다고 한다.

만약 온난화가 지속되어 개미 수가 늘고 공격 본능도 커진다면 인류에 큰 위협이 될 수도 있다는 흥미로운 주장이 나오고 있다.

이 서식하고 있다고 하네요. 이 가운데 물고기는 각시붕어, 갈납자루, 참몰개, 긴몰개, 돌미자, 모래주사(멸종 위기 야생동식물 2급), 동사리 같은 고유종이 서식하고 있다고 합니다.

또 조류는 45종, 포유류는 12종이 살고 있는데, 특히 조류 중에는 멸종 위기 야생동식물 2급인 큰기러기와 말똥가리가 관찰되었습니다.

원앙(위)과 버들붕어. 버들붕어는 수컷이 암컷을 차지하기 위해 치열한 다툼을 벌여 '적투어'라고도 불립니다.

:: 진촌늪_ 낙동강 휘돌며 드넓은 습지를 낳고

경북 고령군 개진면 부리, 성리, 인안리 일대에 걸쳐 있는 진촌늪은 서쪽으로 흐르던 낙동강이 다시 동남쪽으로 크게 틀면서 드넓은 습지가 생성됐습니다.

진촌늪은 동쪽으로 낙동강 본류와 인접해 있고 주변이 대부분 농경지인데다 낚시꾼들의 왕래가 잦아 습지 파괴와 훼손이 크게 우려되고 있습니다.

현재 진촌늪에는 54종의 식물이 살고 있는 것으로 확인되었고 네가래, 생이가래, 물여뀌, 고마리, 왜개연꽃, 붕어마름, 검정말, 말즘 같은 수생식물도 있습니다.

물고기는 우리나라 고유종으로 참몰개, 몰개가 있고, 외래종으로 이스라엘잉어(향어), 떡붕어, 큰입우럭, 파랑볼우럭 등 4종이 있으며, 전체 18어종 가운데서는 피라미, 붕어, 치리, 잉어가

꿩(위)과 여름의 전령사 개개비.

경남 합천에 있는 정양지 전경.

까치살무사는 칠점사라고도 하는데, 우리나라에 사는 살무사류 가운데 가장 크고 굵으며 독사 중에서도 독성이 가장 강합니다.

가장 많다고 합니다.

조류는 원앙, 붉은배새매, 황조롱이, 뻐꾸기, 꾀꼬리 등 32종이, 포유류는 족제비, 청설모, 두더쥐, 등줄쥐 등 4종이 관찰되었습니다.

또 양서류는 도롱뇽, 무당개구리, 두꺼비, 청개구리, 참개구리, 황소개구리 등 6종이, 파충류는 멸종 위기 야생동식물 2급인 남생이를 비롯하여 도마뱀, 무자치, 유혈목이, 능구렁이까지 각각 5종이 확인되었습니다.

곤충은 남색초원하늘소, 국화하늘소, 칠성무당벌레, 열석점긴다리무당벌레, 꼬마남생이무당벌레 등 51종이 확인되었습니다.

:: 황정 습지_ 잔가시고기는 맑은 물에 산다네

금호 강변인 경북 영천시 금호읍 봉정리와 황정리, 그리고 관정리에 걸쳐 있는 황정 습지는 금호강이 남쪽으로 흐르다 서쪽으로 물길이 바뀌면서 대규모 습지가 되었습니다. 이 일대의 습지 면적은 27만여 평(약 0.9m^2)으로 우리나라에서 매우 큰 습지에 해당합니다. 원래는 135만여 평(약 4.5km^2)에 달했던 거대한 습지였지만 산업화 과정에서 쌀 생산을 늘리기 위해 상당 부분이 농경지와 과수원으로 바뀌면서 면적이 크게 줄었어요. 환경부 조사 결과 이곳에는 109종의 식물이 살고 있는 것으로 확인되었습니다. 그중에서도 수생식물은 줄, 올방개, 큰고랭이, 사마귀풀, 말즘, 검정말, 마름, 노랑어리연꽃, 개구리밥 등이 살고 있습니다.

물고기는 각시붕어, 칼납자루, 줄납자루, 가시납지리, 참중고기, 참몰개, 긴몰개, 돌마자, 수수미꾸리, 자가사리, 꺽지, 동사리, 잔가시고기 등 우리나라 고유종 29종이 관찰되었습니다. 이 가운데 멸종 위기 야생동식물 2급인 잔가시고기는 맑은 하천의 돌 틈이나 바위, 그리고 수초가 많은 곳에서 삽니다. 등쪽에는 7~9개의 예리한 가시가 있고 배지느러미가 있는 곳에도 2개의 가시가 있어요. 특히 수컷은 부성애가 강해 새끼를 잘 보호합니다.

양서류는 도롱뇽, 무당개구리, 두꺼비, 청개구리, 참개구리,

참개구리(왼쪽)와 물자라. 참개구리는 논개구리라고도 불리며 수컷은 턱 양쪽에 울음주머니가 있습니다.

민물도요는 주로 갯벌이나 논, 호수에 도래합니다. 우리나라에는 봄가을과 겨울에 찾아오는 나그네새이자 겨울 철새입니다.

산개구리, 황소개구리까지 7종이 확인되었고, 파충류는 줄장지뱀, 누룩뱀, 무자치, 유혈목이, 능구렁이, 붉은귀거북 등 6종이 관찰되었습니다.

수서곤충은 송장헤엄치게, 물자라, 장구애비, 소금쟁이, 깨알물방개, 애물땡땡이, 각다귀, 줄날도래, 꼬마줄날도래 들이 관찰되었습니다. 육상곤충은 75종이 살고 있습니다.

새는 40종이 서식하는데, 멸종 위기 야생동식물로는 말똥가리(2급)와 흰목물떼새(2급)가 관찰되었습니다. 흰목물떼새는 이마와 가슴에 검은색 줄무늬가 있고 멱과 목, 배와 아래 꼬리털깃은 흰색이며 날개 윗면과 등은 갈색을 띠고 있어요. 눈 뒤쪽으로는 흰 점이 있습니다. 이 밖에도 황정 습지에 사는 새로는 원앙, 황조롱이, 뻐꾸기, 물총새, 검은딱새, 꾀꼬리가 있습니다. 포유류는 두더지, 족제비, 등줄쥐가 관찰되었습니다.

:: 해평 습지_ 국제적인 두루미 서식지

경북 구미시 고아읍, 선산읍, 해평면 일대에 있는 해평 습지는 김천시를 관통하는 감천이 낙동강으로 합류하는 낙동강 중류 지역에 자리하고 있습니다. 1998년 5월 두루미 보호를 위해 해평면 일대 3.72km^{2}가 '집단 도래 보호구'로 지정되었고, 2001년 3월에는 인근에 있는 원리 앞쪽 3.3km^{2}와 산동면 서쪽

1.98km²가 추가됨으로써 현재 총 270만 평(9km²)이 보호 구역입니다.

최근 들어 해평 습지는 국제적인 두루미 서식지로 새롭게 주목받고 있습니다. 흑두루미(천연기념물 228호)와 재두루미(천연기념물 203호) 같은 희귀 철새를 비롯하여 큰기러기, 쇠기러기, 민물도요가 이곳을 많이 찾는데, 2005년 '아시아 · 태평양 지역 철새 보전위원회(MWCC)'의 동북아시아 두루미 보호 국제 네트워크로부터 순천 연안습지와 함께 국제적인 두루미 서식지로 공인받았습니다. 국내에서는 김포시와 철원평야에 이어 세 번째 가입입니다.

흑두루미 떼가 날아오르는 모습이 장대합니다. '쿠루루' 소리가 들리는 듯합니다. 먹이를 찾을 때는 양 다리로 걸으면서 목을 아래로 굽히며 다닙니다.

청설모는 청서라고도 하며 늦가을에는 땅속이나 바위 구멍에 먹이를 저장해 놓습니다.

구미시가 2001년 10월에 관찰한 흑두루미 수는 6658마리로 해평 습지가 두루미의 중요한 월동지이자 경유지임을 알 수 있어요. 해평습지는 147만 9000평(약 4.9km²)으로 지금도 장대한 면적이지만 학자들은 주변이 농경지 따위로 변하기 전에는 지금보다 다섯 배 정도 더 컸을 것으로 보고 있습니다. 가까운 곳에 구미 공단이 있어 도시화가 진행될 경우 습지가 훼손될 우려도 있습니다. 환경부 조사 결과 이곳에는 94종의 식물이 살고 있고, 어류는 끄리, 피라미, 붕어, 참붕어, 누치, 쏘가리, 갈문망둑 등 20종이 관찰되었습니다.

또 조류는 멸종 위기 야생동식물 2급인 큰기러기, 참매, 흑두루미를 비롯하여 황조롱이, 뻐꾸기, 물총새, 검은딱새, 꾀꼬리 등 105종이 살고 있습니다. 포유류는 수달, 족제비, 너구리, 노라니, 다람쥐, 청설모, 고슴도치 등 7종이 확인되었는데, 특히 수달은 멸종 위기 야생동식물 1급으로 주로 밤에 활동하지만 사람의 방해가 없는 지역에서는 낮에도 활동합니다.

양서류는 무당개구리, 두꺼비, 청개구리, 참개구리, 아무르산개구리, 옴개구리, 산개구리 등 7종이, 파충류는 누룩뱀, 유혈목이, 살모사 등 3종이 확인되었다고 합니다. 또 육상곤충으로는 꼬마남생이무당벌레, 톱다리개미허리노린재, 남색초원하늘소, 버들잎벌레 등 57종이 관찰되었습니다. 수서곤충으로는 물맴이, 애기물방개, 왕물벌레, 게아재비, 쇠측범잠자리, 왕잠자리, 베치레잠자리 들이 살고 있습니다.

급격한 도시화로 떠나간 새들

경북 안동시 남후면 검암리와 고하리, 풍산읍 계평리와 창곡리 일대에 있는 검암 습지는 안동 시내와 인접해 있어 개발 압력을 많이 받고 있습니다. 습지 근처로 중앙고속도로가 지나가는 데다 안동시 규모가 확장되고 있어 자칫 습지가 사라질지도 모른다는 우려의 목소리가 나오고 있어요.

검암 습지는 길이가 3km, 폭이 1km에 면적은 1.2km^2 정도라고 하네요. 환경부 조사 결과 검암 습지에 살고 있는 식물은 총 104종으로, 노랑어리연꽃과 용머리, 물쑥, 보풀, 물달개비, 미꾸리낚시, 고마리, 자귀풀, 물달개비 들이 많이 관찰됩니다.

이곳에서 관찰되는 어류는 24종으로 우리나라 고유종은 각시붕어, 줄납자루, 참몰개, 동마자, 동사리 등 6종이라고 합니다. 이 밖에도 피라미와 모래무지, 끄리, 돌고기, 참붕어가 많이 살고 있어요.

새는 불과 11종이 남아 있는 것으로 확인되었는데, 이것은 도시화가 진행되고 주변이 농경지로 쓰이면서 새들에게 안전한 서식지가 파괴되고 있기 때문인 것으로 지적되고 있어요. 종별로는 흰뺨검둥오리가 많고 다음으로는 멧비둘기, 중대백로, 꼬마물떼새, 개개비 순으로 많습니다. 검은딱새도 살고 있다고 합니다.

포유류는 대륙족제비, 멧돼지, 다람쥐, 너구리 등 7종이 관찰

흰뺨검둥오리(위)와 꼬마물떼새. 도시화가 진행되면서 검암 습지에는 새들이 점점 사라지고 있는데 그나마 흰뺨검둥오리는 많이 서식합니다. 이 새는 다리가 선명한 오렌지색이고, 암수가 짝을 지어 큰 무리로 생활합니다.

되었고 양서류는 옴개구리 등 7종이, 파충류는 능구렁이 등 3종이 확인되었습니다.

곤충은 재래꿀벌, 꼬마남생이무당벌레, 열석점긴다리무당벌레, 칠성무당벌레, 국화하늘소, 남색초원하늘소를 포함하여 82종이 살고 있습니다.

:: 우포늪_ 한반도와 함께 태어나다

1억 4000만 년 전 한반도가 생성되던 시기부터 존재하던 우포늪은 우리나라에서 가장 규모가 크고 오래된 습지라는 점에서 국내뿐 아니라 해외에서도 큰 관심을 모으고 있습니다.

일제 강점기와 1970년대 초까지 총 11개의 인공 제방을 쌓기 전에는 습지 면적이 250여만 평(약 8.26km^2)에 달했으나 지금은 제방 축조로 인해 주변 습지가 대규모 농경지로 전환되어 면적

사지포 둑에서 바라본 우포늪 풍경.

이 많이 줄었어요. 그런데도 우포늪은 수면 면적이 70만 평(약 2.3km²)에 달하는 장대한 습지입니다. 홍수 때는 약 3.3km² 정도가 되지요.

환경부가 자연 생태계 보전 지역으로 지정하여 관리하고 있는 면적은 8.53km²입니다. 전문가와 환경단체는 하루빨리 제방을 헐고 주민들에게 완전 보상을 한 후 그들을 다른 지역으로 이주시켜야 우포늪을 보전할 수 있다고 말합니다.

우포늪은 강원도 대암산 용늪에 이어 우리나라에서 두 번째로 람사협약에 등록되어 이미 세계적인 습지로 자리 매김하였습니다.

물이 갇히자 늪이 생기다

우포늪은 우포, 목포, 사지포, 쪽지벌 등 네 개 늪으로 이루어져 있습니다. 이 가운데 우포가 가장 넓고 그 다음이 목포, 사지포, 쪽지벌 순이지요. 대략 서울의 여의도만 한 크기라고 생각

우포늪에 모인 큰고니와 고방오리 무리.

하면 되는데, 여름 장마철이 되면 수면 면적은 이보다 훨씬 늘어납니다.

조선 시대에 발행된 「조선지지」에는 "하늘에는 백두산 천지가 있고, 땅에는 경남 창녕에 우포늪이 있다."라는 문구가 기록되어 있습니다. 「대동여지도」에도 기록되어 있는 유일한 늪이기도 합니다. 늪의 규모가 얼마나 장대한가를 짐작할 만합니다.

그렇다면 이렇게 거대한 늪이 어떻게 생겨났을까 궁금하지 않을 수 없습니다. 학자들에 의하면 1억 4000만 년 전 공룡들이 지구를 어슬렁거릴 때 낙동강 일대에는 큰 지형 변화가 있었다고 합니다. 빙하가 녹으면서 낙동강의 물이 범람하자 이때 실려 온 모래와 흙이 지금의 토평천 입구를 막게 되었고 이 때문에 물이 빠져나가지 못하고 갇히면서 거대한 늪이 생겨난 것이지요.

물고챙이골(위)과 고사리, 그리고 왕버들 군락(아래).

물풀로 수놓은 수면

여름의 우포늪은 곧잘 '초록의 융단'에 비유되곤 합니다. 늪가에는 갈대, 줄, 부들, 창포 들이 무성하게 자라고 물 위에는 생이가래, 마름, 개구리밥, 자라풀, 노랑어리연, 네가래, 물옥잠, 가시연 같은 물풀이 떠 있습니다.

한여름이면 이 물풀들이 빠른 속도로 번집니다. 때로는 수면을 모두 덮어 물인지 풀밭인지 구분이 안 될 정도이지요.

우포늪에서는 특이한 식물을 만날 수 있습니다. 우리나라에서 잎이 가장 큰 가시연은 우포늪의 자랑입니다. 한여름 지름이 2m가 넘는 잎을 뚫고 나오는 꽃을 카메라에 담기 위해 사진작가들이 모여들면 늪은 더욱 분주해 집니다.

우포늪과 연결된 수로 곳곳에는 벌레잡이식물인 통발을 볼 수 있습니다. 이 식물에 달린 주머니 속으로 물속의 작은 곤충을 빨아들이고 체액을 먹는 것이지요. 우포늪에는 지금까지 430여 종의 식물이 살고 있는 것으로 확인되었습니다.

곤충들이 춤추는 운동장

우포늪은 '잠자리의 천국'이라 할 정도로 잠자리가 많습니다. 우리나라 잠자리 가운데 가장 덩치가 큰 왕잠자리부터 부채장수잠자리, 고추잠자리, 노란띠좀잠자리, 방패실잠자리, 아시아실잠자리까지 우리나라에 사는 잠자리는 거의 우포늪에서 볼 수 있지요.

찌르레기(위)는 주로 전선에 여러 마리가 한 줄로 앉아 쉬고, 저녁 때나 아침 일찍 먹이를 찾으러 나서기 전에 시끄럽게 울곤 합니다.
천연기념물 324호인 소쩍새(아래)는 8~10월에 털갈이를 합니다. 우리나라에서는 소쩍새 울음소리로 풍흉을 점쳤는데, '소쩍 소쩍'이라고 울면 흉년이요, '소쩍다 소쩍다'라고 울면 풍년이 온다고 합니다.

꼬리명주나비. 원 안 위쪽이 암컷, 오른쪽이 수컷입니다.

또한 우포늪에는 '살아 있는 곤충박물관'이라는 이름에 걸맞게 많은 곤충들이 살고 있습니다. 물 위에는 장구애비, 떨깨알소금쟁이, 애소금쟁이, 물맴이, 물무당, 송장헤엄치게 따위가 떠 있는 것을 쉽게 관찰할 수 있어요. 이들은 주로 죽은 곤충이나 물고기의 체액을 빨아먹으며 산답니다.

물속에는 물자라, 각시물자라, 물방개, 물땡땡이, 게아재비들이 사는데 이들은 주로 헤엄을 치고 놀다가 수면으로 올라와 꼬리 끝에 달린 호흡관을 물 밖으로 내어 숨을 쉬고는 다시 물속으로 들어갑니다. 물자라는 암컷이 수컷의 등에 50개 정도의 알을 낳는데, 수컷은 새끼가 나올 때까지 알을 업고 다닙니다.

물속 바닥에는 주로 곤충의 애벌레가 살고 있습니다. 늦반딧불이 애벌레, 날도래 애벌레, 잠자리의 애벌레와 꼬마물벌레, 왕물벌레, 물둥구리가 있습니다.

한여름 낮에는 잠자리들이 축제를 벌인다면 밤에는 또 다른 축제가 열립니다. 8월에서 9월 사이 어둠을 뚫고 날아다니는 늦반딧불이가 어두운 밤을 점점이 밝히는 것입니다. 우포늪에는 55종의 곤충이 살고 있는 것으로 조사되었습니다.

가시연은 온몸에 까끌까끌한 가시를 달고 있습니다. 여름에는 자줏빛으로 꽃을 피우는데, 꽃잎이 꽃받침조각보다 작습니다.

물고기가 살기 좋은 나라

우포늪은 물의 흐름이 느리고 물풀이 풍부해 물고기가 살기 좋은 환경을 갖추고 있습니다. 3월이면 참붕어와 붕어, 각시붕어 들이 산란을 하느라 늪이 떠들썩해 집니다. 붕어와 잉어, 가

우포자연학습원 앞에서 생태 체험을 하고 있는 어린이들(위)과 아름다운 우포늪 풍경.

물치는 우포늪의 터줏대감이라 할 수 있습니다. 주민들이 강준치라고 부르는 백조어와 납줄개아과의 물고기들이 줄줄이 있지요. 흰줄납줄개, 각시붕어, 납지리, 떡납줄갱이, 납자루, 줄납자루, 칼납자루도 흔히 볼 수 있습니다.

또한 우포늪에는 드렁허리라는 물고기가 살고 있는데, 이 낯선 이름의 물고기는 물이 마르면 진흙 속에서 살고 물이 많을 땐 몸을 꼿꼿하게 세워 머리만 물 밖으로 내 공기 호흡을 합니다. 주로 어린 물고기와 곤충 · 지렁이 들을 먹고 사는데, 자라면서 암컷이 수컷으로 성을 바꾸는 것으로 알려져 있어요.

우포늪에는 긴꼬리투구새우라는 민물새우도 삽니다. 등 부분에 30~40개 마디로 된 투구 모양의 껍데기가 있고, 등 앞쪽 중앙에는 한 쌍의 커다란 눈이 있습니다. 우포늪에 사는 물고기는 총 42종으로 확인되었습니다.

밴 위부터 차례로 드렁허리, 백할미새, 흰죽지, 쇠기러기. 드렁허리는 공기호흡도 하고 자라면서 성 전환을 합니다.

텃새와 철새, 나그네새의 어울림

먹이가 풍부하고 환경이 깨끗한 우포늪은 새들의 왕국으로 손색이 없습니다. 우포늪에서 관찰된 새는 지금까지 145종입니다. 이 가운데 터를 잡고 사는 텃새가 30종, 번식을 위해 찾아오는 여름 철새가 31종, 따뜻한 겨울을 나기 위해 찾아오는 겨울 철새가 45종, 봄가을에 번식지와 월동지로 가는 길에 지나는 나그네새가 39종입니다.

텃새로는 흰뺨검둥오리, 원앙, 논병아리, 까치, 때까치, 어치,

자운영 군락. 연보라빛으로 물든 꽃이 붓에 물감을 찍은 듯 흐드러지게 피어 있습니다.

직박구리, 멧비둘기, 박새, 딱새, 찌르레기, 붉은머리오목눈이, 노랑턱멧새, 종다리, 굴뚝새, 황조롱이, 수리부엉이 들이 있습니다.

우포늪에 잠시 머물다 떠나는 여름 철새들은 제비, 귀제비, 뻐꾸기, 덤불해오라기, 노랑때까치, 알락할미새, 쇠물닭, 중대백로, 중백로, 꾀꼬리 들이 있습니다. 겨울 철새로는 노랑부리저어새, 대백로, 댕기물떼새, 백할미새, 노랑지빠귀, 쑥새, 솔개를 비롯해 혹부리오리, 청둥오리, 청머리오리, 알락오리, 고방오리, 홍머리오리, 흰비오리, 큰기러기, 고니, 큰고니, 흰죽지, 댕기흰죽지, 검은머리흰죽지 같은 수금류가 가장 많습니다.

다른 곳으로 가는 길에 잠시 쉬었다 가는 나그네새로는 긴 다리와 가는 부리를 가진 알락도요, 갈색 몸통에 불규칙한 선이 있는 긴 부리의 꺅도요가 대표적입니다. 이들은 우포늪 가장자리에서 곤충을 잡아먹습니다.

노랑할미새(위)와 왜가리.

늪과 더불어 사는 사람들

우포늪 주변은 오랜 세월 동안 낙동강의 범람과 함께 실려 온 흙이 쌓이고 쓸려 나가는 과정이 되풀이되면서 비옥한 땅이 되었습니다. 이곳 주민들에게는 마늘과 양파가 중요한 소득원입니다. 일부 주민들은 늪가에서 붕어와 가물치, 잉어를 기르는 양어장을 하기도 합니다. 이곳에서 그물로 올린 고기를 양어장 물고기의 먹이로 쓰기도 하고, 늪에서 건져 올린 논우렁이는 시장에 내다 팔기도 합니다. 우포늪은 수심이 깊지 않아 우렁이를 잡아 올리기가 수월합니다.

겨울철 우포늪에서는 특이한 고기잡이를 볼 수 있습니다. 어부가 장대 나뭇배를 늪가 얕은 곳으로 저어 가다 배를 발로 툭툭 찹니다. 놀란 물고기는 흙탕물을 일으키며 땅속으로 들어가죠. 어부는 이때를 놓칠 새라 가래로 덮은 뒤 손으로 고기를 건져 올립니다. 이것은 가장 원시적인 고기잡이 방식 중 하나입니다.

제비(위)와 꾀꼬리.

우포늪 지키기

환경부는 지난 2001년 우포늪의 자산 가치를 학계에 의뢰해 평가했습니다. 연구한 바에 따르면 우포늪의 가치는 1년에 560억 원에 이른다고 합니다. 생산 시설도 아닌 자연늪이 한 해에 지닐 수 있는 가치가 이 정도라는 사실은 자연유산이 얼마나 소중한가를 새삼 느끼게 합니다.

생명의 은행, 우포늪은 인간들만의 것은 아닙니다. 모든 생명붙이들의 것이지요.

우포늪은 생명체들에게 풍부한 먹이와 서식처를 제공하기 때문에 새와 물고기, 곤충과 식물들이 살아가는 데 최적의 조건이 되어 줍니다. 전 지구상에 존재하는 생물들의 약 5분의 1이 우포늪 같은 습지를 생활 터전으로 삼고 있다고 하니 대단한 일이 아닐 수 없습니다.

노루오줌

늑대거미.

까치.

중백로.

갈색여치.

풀색꽃무지.

말매미.

두쌍무늬노린재.

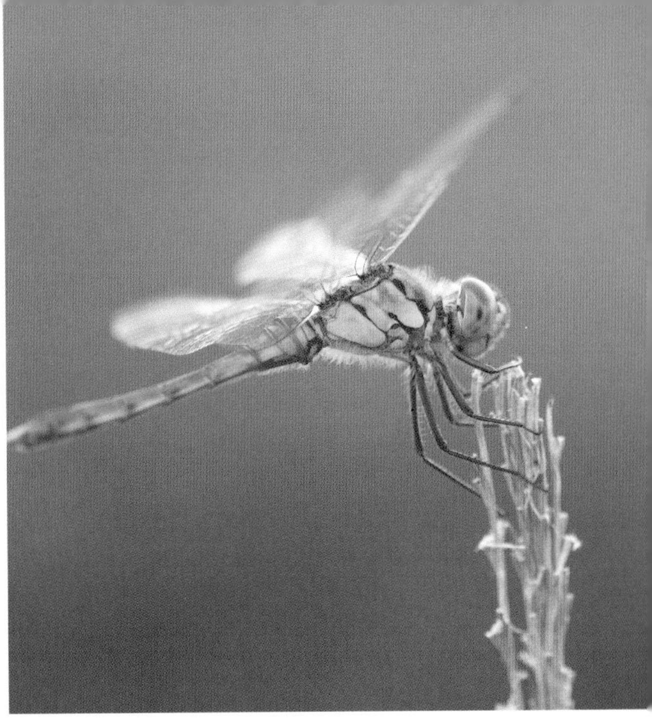

우포늪에는 한반도에 서식하는 잠자리의 모든 종이 모여 있다고 할 만큼 잠자리가 많습니다. 물잠자리(왼쪽)와 여름좀잠자리.

그런데 이렇게 큰 가치를 지니고 있는 우포늪에는 많은 위험들이 도사리고 있습니다. 우선 가장 위협적인 것은 주변에 있는 축사와 농약, 그리고 왕래하는 사람들입니다. 축사에서 나오는 가축들의 분뇨, 폐수, 홍수 때마다 밀려 드는 농약병, 폐타이어 같은 각종 쓰레기는 늪의 환경과 생태계를 어지럽힙니다. 환경 전문가들은 우포늪 주변에서만이라도 생태계 보호를 위해 유기 농법으로 작물을 재배하는 일이 시급하다고 말합니다.

이 외에도 각종 물고기와 곤충을 잡아먹는 황소개구리, 수중 생태계의 무법자 베스, 그리고 블루길, 붉은귀거북도 우포늪에서 퇴치해야 할 대상입니다.

도감에서나 만날 수 있던 새와 동물들이 자유롭게 다니고 어디서도 볼 수 없던 식물들이 우리를 반길 수 있게 하려면 우포늪 보존에 힘을 쏟아야 하지 않을까요.

:: 왕등재늪_ 앙증맞은 꼬마잠자리 물구나무 서고

경남 산청군 삼장면 유평리 산에 위치한 왕등재늪은 지리산 능선 동쪽 끝자락 해발 960m의 고갯마루에 있습니다. 길이 120m, 폭 50m 정도의 타원형 고산습지로 우리나라에 있는 산지 습지 중 최남단에 위치해 있습니다. 강원도 인제군에 있는 대암산 용늪이 1200m 고지에, 울산 정족산의 무제치늪이 해발 600m 지점에 있다는 점을 고려하면 우리나라에서 두 번째로 높은 산지 습지인 셈입니다. 이곳 주민들은 왕등재늪을 '진틀재'라고도 하는데, 진틀이라는 말은 습지를 뜻하는 방언입니다.

왕등재늪은 보존 상태가 매우 양호해 다양한 식물과 곤충이 살고 있지만 늪 주변에 등산로가 있어 훼손이 우려되고 있습니다.

왕등재늪에는 환경부 보호 희귀종으로 세계에서 가장 작은 잠자리인 '꼬마잠자리'가 서식하고, 산비늘사초, 골풀, 꽃창포, 감자개발나무를 포함한 식물이 108종, 노린재, 딱정벌레, 금풍뎅이, 반날개류 같은 곤충이 268종으로 모두 500여 종이 넘는 동식물로 가득합니다.

:: 주남저수지_ 5만 마리 철새의 겨우살이

경남 창원시 동읍에 있는 주남저수지는 철새들이 겨울을 나기 좋은 곳으로 생태학적 가치가 매우 높은 곳입니다. 멸종 위기 야생동식물 1급인 노랑부리저어새, 저어새, 두루미와 더불어 2급인 개리, 큰고니, 고니, 재두루미, 큰기러기, 가창오리 등 많은 새들이 날아드는 곳입니다.

주남저수지는 1951년에 농업용 저수지로 완공된 후 인근 농경지에 농업용수를 공급하고 낙동강 홍수를 조절하는 기능을 해 오고 있습니다.

주남 · 산남 · 동판저수지 등 3개 저수지를 통틀어 주남저수

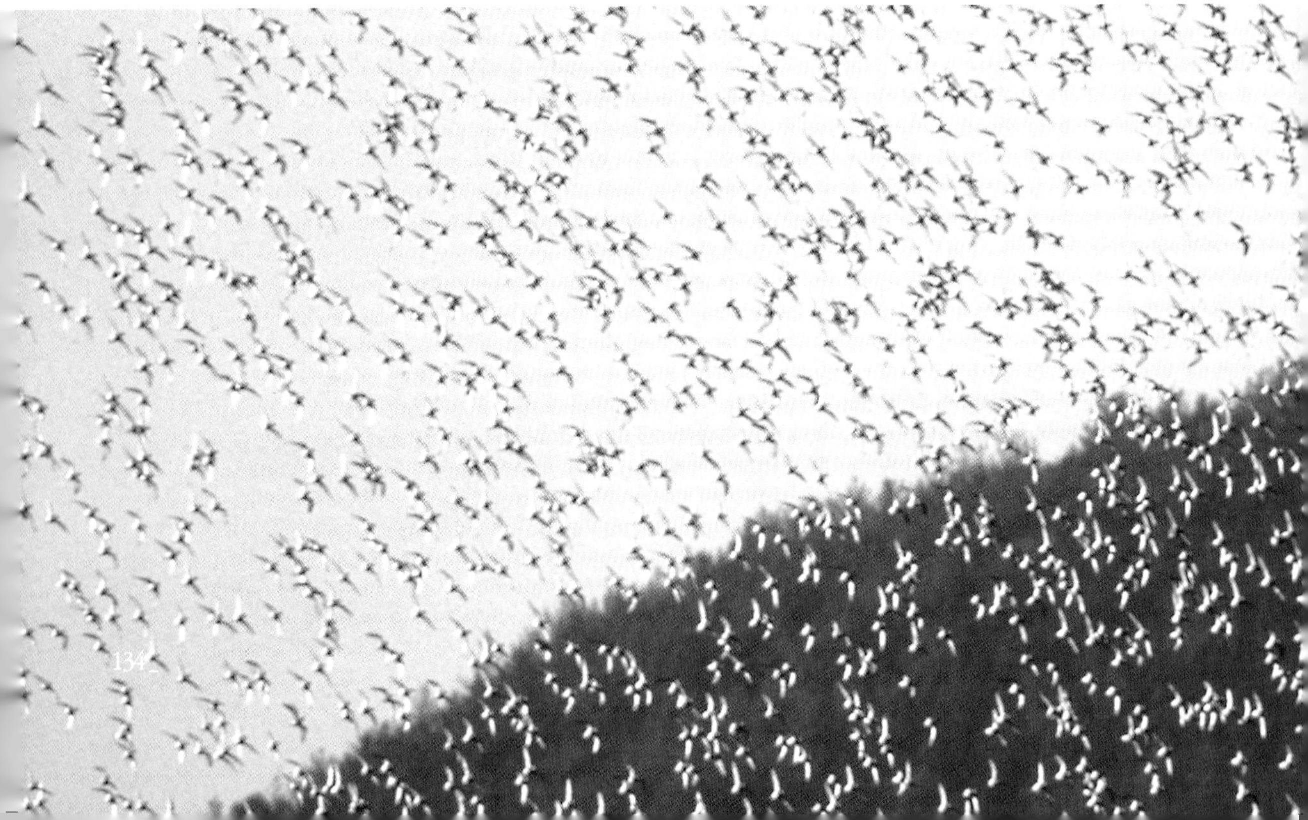

지라고 부르는데, 넓이는 180만 평(약 6km²)으로 방대한 인공 내륙습지입니다.

한때는 동양 최대의 철새 도래지로 유명했지만 2000년대 들어서면서 비닐하우스와 축사, 아파트 같은 건축물이 많이 들어서고 고기잡이배가 생기면서 철새 도래지로서의 명성이 점차 사라져 가고 있습니다. 하지만 해마다 10월부터 이듬해 2월까지 55종 5만여 마리의 조류가 월동하는 것으로 보고되었어요. 여름 수생식물도 천국을 이루고 있는데, 멸종 위기 야생동식물 2급인 가시연꽃, 순채과에 속하는 통발 같은 식충식물도 관찰되고 있습니다. 특히 주남저수지는 2004년 람사총회가 열리는 곳으로, 최근 철새 탐조 여행객이 급격히 늘고 있습니다.

멸종 위기 동식물 2급인 가창오리 떼. 주남의 겨울 하늘을 수놓는 가창오리의 비상은 그 자체가 한 편의 시가 됩니다.

나비잠자리.

주남저수지 생태학습.

주남저수지 동쪽에 위치한 동판저수지 풍경.

물옥잠.

해오라기.

노랑부리저어새.

밭종다리.

재두루미.

혹고니.

가창오리와 고니의 비상.

주남저수지에 노을이 지고 있습니다. 원 안은 왼쪽부터 주남저수지의 해넘이와 해돋이, 그리고 겨울 풍경.

:: 영암호_ 갈대밭 풍성한 담수호

영산강 유역 종합개발계획으로 생성된 영암호는 전남 영암군 삼호면 · 미안면과 해남군 마산면 · 산이면 일대에 걸쳐 있습니다. 영산강 3단계 농업종합개발계획의 일환으로 1993년 해남만을 막아 방조제(2.2km)를 건설해 영암호(약 43km²)와 금호호(약 23km²) 2개의 담수호를 만든 것입니다. 갯벌 지역에는 약 66km²만 평의 간척지와 54km²의 배후습지가 조성돼 있습니다.

영암호는 드넓은 데다 주변에 풍부한 먹이와 갈대밭이 있어

천연기념물 201-1호인 고니의 비상. 순백색 고니는 물속에 있는 풀이나 곤충을 잡아먹으며 삽니다.

겨울 철새들의 월동지로 주목받고 있습니다.

환경부 조사 결과 영암호에는 75종의 새가 사는 것으로 확인되었는데, 이 가운데 환경부 지정 멸종 위기 야생동식물 1급으로는 노랑부리저어새, 황새, 매, 2급으로는 말똥가리, 가창오리, 검은머리갈매기, 큰기러기, 고니, 큰고니, 잿빛개구리매, 흑두루미 등이 월동합니다.

양서류와 파충류는 각각 4종씩, 물고기는 34종이 관찰되었으며 곤충은 40종, 포유류는 9종이 살고 있는 것이 확인되었습니다. 식물은 습지식물인 갈대와 부들, 마름, 검정말, 갯버들이 군락을 이루고 있어요.

:: 동진강과 만경강 유역 습지_ 기름진 호남평야의 젖줄

기름진 땅 호남평야는 대부분 동진강과 만경강 유역에 분포합니다. 동진강과 만경강 일대에는 전북 김제, 정읍, 익산, 전주시와 완주군에 걸쳐 대략 34곳의 습지가 있어요.

동진강 수계는 동진강 본류와 두월천, 원평천, 정읍천, 고부천을 포함하고, 본류는 정읍시 산외면 평사리에서 부안군 동진면의 하구까지 44.7km 길이에 면적은 1034km^2입니다.

만경강 수계는 고산천, 소양천, 전주천, 삼천, 익산천, 탑천, 부용천을 합류하여 흐릅니다. 완주군 동상면 사봉리 무지동에서 발원하여 고산면 대아리 저수지를 지나 김제시 진봉면 하구까지 길이가 115.5km에 유역 면적이 1601km^2에 이릅니다.

동진강과 만경강 유역의 크고 작은 습지 34곳 가운데 완주군 삼례읍에 있는 신천 습지에는 왜개연꽃, 가시연꽃, 노랑어리연꽃, 어리연꽃, 질경이택사, 수염마름, 흑삼릉, 올방개, 검정말, 톱니나자스말, 나사말, 낚지다리, 부처꽃 등 다양한 습지식물이 산다고 합니다.

또 정읍시의 상산 습지, 만석 습지는 보존 상태가 매우 좋은 곳으로 평가받고 있습니다. 이와 함께 익산의 유천 습지, 신복 습지, 화신 습지, 구담 습지는 환경부 조사 결과 보전 가치가 매우 높은 것으로 밝혀졌습니다.

밤에 이동하는 철새

철새 중에서 가장 멀리까지 이동하는 새는 1년에 2만 5000km를 움직인다고 한다. 지구 둘레의 60%가 넘는 거리다.

검은가슴물떼새는 하와이에서 알래스카까지 3800km를 쉬지 않고 날아간다.

철새들은 대부분 이동할 때 앞의 새 뒤에 바짝 붙어 날아간다. 앞에서 가는 새가 날개로 만드는 소용돌이를 이용하면 비행이 쉽기 때문이다.

새들은 주로 밤에 이동하는데, 그 이유는 대기가 시원해 체온을 적절히 유지할 수 있기 때문이다. 또 밤에는 눈에 잘 띄지 않아 큰 새들에게 공격당할 위험이 줄어들고, 주로 낮에는 먹이를 먹거나 쉬면서 에너지를 모아 둔다. 그러나 몸집이 크고 육식을 하거나 제비처럼 날쌘 새들은 낮에 이동한다.

:: 장도 습지_ 우리나라 세 번째로 람사 습지 등록

전남 신안군 흑산면 대장도에 있는 장도 습지는 2005년 우리나라에서 대암산 용늪과 우포늪에 이어 세 번째, 세계에서는 1423번째로 람사협약 습지에 등록되었습니다. 해발 235m 높이에 위치하고 있는 장도 습지는 람사협약 습지로 등록된 것을 계기로 연구 조사가 활발히 이루어지고 있습니다. 특히 장도 습지는 섬 생태계의 보고로 알려져 있어요.

솜방망이는 오뉴월에 노란색 꽃을 피웁니다. 몸 전체에 거미줄 같은 아주 가는 털이 희게 덮고 있어 솜방망이라고 부릅니다.

2만 7000여 평(0.89km²) 규모의 장도 습지는 섬 지역에서 보기 드문 이탄층이 발달해 수자원을 저장하고 수질을 정화시키는 기능이 뛰어납니다. 이탄층은 식물체가 썩지 않은 채로 진흙과 함께 퇴적한 지층을 말합니다.

장도 습지에는 멸종 위기 야생동식물 1급인 수달, 매, 그리고 2급인 솔개, 조롱이, 제주도롱뇽, 왜현호색, 보춘화 같은 희귀 동식물이 많이 서식합니다. 환경부 조사 결과 포유류 7종, 조류 44종, 양서 및 파충류 8종, 육상곤충 126종이 장도 습지에 살고 있는 것으로 확인되었습니다. 또 습지식물은 294종이 살고 있고 후박나무 군락 등 26개의 식물군락이 있어 보존 가치가 매우 높습니다.

곧게 뻗은 부리를 땅과 나란히 평행으로 맞추어 걷고 있는 뒷부리도요(위)와 멸종 위기 야생동식물 1급인 수달.

:: 물장오리_ 천연림 울창한 분화구

아름다운 제주에는 습지가 많습니다. 물장오리와 물영아리오름, 뱅디늪, 1100고지, 숭물팟, 빌레왓, 동수악, 성산포 갈대숲, 소백록담, 사라오름, 검은오름, 하도리저수지, 용수리저수지처럼 크고 작은 늪이 13곳 정도 있어요.

제주도 제주시 봉개동과 아라동의 경계 지점에 있는 물장오리는 분화구입니다. 한라산국립공원 안에 위치하고 있는데, 등산 코스가 아니기 때문에 일반인의 출입이 많지 않은 편입니다.

그러나 분화구에 처음 도착하게 되는 북쪽은 사람들의 발길이 잦아 물이 줄어들고 건조해지면서 생태계가 교란되고 있습니다. 물장오리 주변은 천연림이 울창하며 비가 내려 분화구에 고인 물이 점토질 때문에 땅속으로 잘 스며들지 않아 사계절 내내 물이 고여 있거나 습한 생태를 유지하고 있습니다. 물장오리는 예로부터 한라산 오백나한과 함께 신성시해 온 3대 성산의

꽃줄기가 잎 사이에서 나와 곧게 자라는 흑삼릉은 산림청이 지정한 희귀 식물이며 암수한그루로 흰 꽃이 핍니다.

물장오리에 얽힌 설문대할망 이야기

옥황상제의 둘째 딸인 설문대할망은 호기심이 아주 많았다. 그런 그녀에게 천상의 생활은 지루하기 짝이 없었다. 설문대할망은 너무 심심하고 지루한 나머지 인간 세상으로 가출하고 말았다. 설문대할망이 인간 세상에 내려오면서 하늘과 땅을 가를 때 퍼 놓았던 흙을 타원형으로 뿌렸더니 제주도가 생겼다고 한다. 그런데 이 섬이 너무 평평해서 두 손으로 흙을 일곱 번 쌓았더니 한라산이 되었다. 한라산은 설문대할망에게 여러 가지로 유용했다. 잠잘 때는 베개로 쓰기에 좋았다. 태평양 물에 빨래할 때도 오른쪽 발은 산방산을 딛고 왼쪽 발은 한라산을 디디니 딱 좋았다. 천상에는 없는 흙이 설문대할망의 최고 장난감이었다. 흙장난을 하다가 한 덩어리씩 주물러 툭툭 던져놓았더니 360여 개의 오름이 생겼다.

이런 할망에게 반한 거인이 있었으니 바로 설문대하르방이었다. 둘은 부부의 인연을 맺고 500명의 아들을 낳았다. 그러나 이 작은 섬에서 거인들이 끼니를 해결하는 것은 보통 일이 아니었다.

어느 해 흉년에 설문대할망이 500명의 아들을 데리고 양식을 구하러 나섰다. 설문대하르방은 아들이 돌아오면 먹이려고 남아 있는 양식으로 죽을 쑤다가 그만 발을 헛디뎌 펄펄 끓는 가마솥에 빠져 죽이 되고 말았다. 이런 사정을 모르고 집에 돌아온 아들들은 배가 고파 허겁지겁 죽을 먹었다. 맨 마지막으로 돌아온 막내아들이 가마솥 바닥에 조금 남은 죽을 뜨려다 사람의 뼈를 발견했다. 막내는 아버지가 죽을 끓이다 죽 솥에 빠져 죽은 사실을 알고는 아버지를 먹은 형들과는 같이 살 수 없다며 한참을 달려 고산리 차귀섬으로 갔다. 막내는 거기서 울다가 지쳐 바위가 되고 말았다. 그 바위가 오백장군바위이다.

한편 동생이 바위로 변한 것을 본 499명의 형들도 충격을 받아 늘어선 채 아버지를 부르며 통곡하다가 모두 바위가 되고 말았다. 이렇게 생긴 바위들이 한라산 영실기암이다. 이 아들들이 바위가 되면서 흘린 피눈물은 땅속 깊이 스며들었다가 봄이 되면 철쭉꽃으로 피어나 온 산을 붉게 물들인다.

나중에야 이런 사실을 안 설문대할망은 신세한탄을 하면서 망연자실 다니다가 물이 깊다는 용연물에 들어갔다. 하지만 용연물은 겨우 발등에 닿을 뿐이었다. 더 깊다고 하는 서귀포시 지장샘물에 들어가 보니 겨우 무릎이었다. 그래서 결국 한라산 물장오리 물이 깊다고 해서 들어갔더니 그곳은 터진 연못이라 설문대할망은 그만 빠져 죽고 말았다.

하나이자 제주도 개벽 전설의 여신 설문대할망의 이야기가 깃든 곳이기도 합니다.

환경부 조사에 의하면 물장오리에는 새 45종, 양서류 5종, 파충류 6종이 살고 있다고 합니다. 또 곤충은 182종이 서식하는 것으로 확인되었습니다.

:: 물영아리오름 _ 우리나라 습지보호지역 1호

제주도 남제주군 남원읍에 위치한 물영아리오름은 제주도를 대표하는 습지로 해발 508m 높이에 있습니다. 물영아리오름과 분화구는 습지가 육지화되는 과정과 습지 생태계의 물질 순환을 연구할 수 있는 대표적인 지역입니다. 따라서 학술 · 생태적으로 가치가 높아 국내에서는 1999년에 습지보전법이 시행된 후 생태 조사를 거쳐 2000년 12월 처음으로 습지보호지역으로 지정됐습니다. 낙동강 하구를 포함한 4개 지역은 습지보전법이 제정되는 것과 동시에 지정되었으니까요.

함지박 모양의 산정 화구호는 둘레 300m, 깊이 40m에 바깥 둘레는 1000여 m에 이르는 전형적인 제주도 습지의 표본입니다. 상록수와 낙엽수가 울창한 숲을 이루고 있으며 십자고사리, 노루귀, 고비, 개족도리풀, 큰천남성, 금새우란 들이 자생하고 야생의 노루, 오소리, 유혈목이 들이 서식합니다.

개맥문동은 연한 자줏빛 꽃이 포도알처럼 알알이 핍니다. 중심축에 꽃대가 있고 무리 지어 피는 것이지요. 맥문동보다 아주 작고 열매는 검은색으로 익습니다.

뀡의다리는 꽃이 피는 동시에 꽃받침이 떨어져 버립니다. 한방에서는 감기나 설사에 약용으로도 쓰는 풀입니다.

주변에는 곰취와 찔레나무가 군락을 이루며 고말, 물고추나물, 보풀, 뚝새풀, 세모고랭이 같은 다양한 습지식물을 관찰할 수 있습니다.

그러나 습지 보전 지역인 물영아리오름으로부터 1km도 채 떨어지지 않은 지역에 골프장을 건설하려는 움직임이 있어 이 같은 개발 압력에 몸살을 앓고 있습니다.

:: 뱅디늪_ 인위적인 숲 조성으로 훼손 우려

한라산 국립공원 안 삼형제오름 벌판 1100고지 아래에 위치한 뱅디늪은 사람들의 출입이 적어 습지식물이 풍부한 것으로 알려져 있습니다. 소금쟁이, 개구리, 노랑실잠자리, 유혈목이들이 서식하고 미나리아재비 같은 식물이 자생하지만, 삼나무를 인위적으로 키우는 조림사업이 성행하는 데다 인근 목장에서 소를 방목하고 있어 훼손될 우려가 있습니다.

:: 1100고지_ 일년 내내 물이 고이는 곳

한라산 1100m 높이에 있는 1100고지 습지는 연중 물이 고여 한라부추, 애기원주리, 골풀, 꽃창포 같은 식물과 해발 1400m

가 넘는 높은 지대에만 사는 것으로 알려진 설앵초, 난쟁이바위솔, 수정난풀, 산비장이도 살고 있어요. 하지만 북쪽에서 남쪽으로 한라산을 넘어가는 도로인 1100도로가 연결되어 관광지로 변화하고 있어서 보전 대책이 시급한 형편입니다.

:: 숭물팟, 빌레왓… _ 물이 숨은 풀밭과 돌밭

북제주군 애월읍 봉성리에 있는 숭물팟 역시 산지늪으로 숭물팟은 제주도 방언으로 '물이 숨어 있는 풀밭'이라고 하네요. 다른 습지에 비해 곰취가 매우 많고, 꽃창포, 백미꽃, 큰방울새난이 분포하고 있어요.

북제주군 구좌읍 서김녕리 묘선봉에 있는 빌레왓은 암반 지

제주도에는 크고 작은 늪이 열세 곳이나 모여 있어 온갖 동식물들이 생동하는 숨결을 느낄 수 있습니다. 그 중에서도 물영아리오름은 제주도를 대표하는 습지이지요.

노랑발도요.

어린 흰물떼새.

학도요.

삑삑도요.

장다리물떼새.

역으로 바위에 물이 고여 형성된 습지로 멸종 위기 야생동식물 인 순채가 군락을 이루고 있고, 밤일엽, 고란초 들도 살고 있습니다. 빌레왓은 제주도 방언으로 돌밭을 일컫는다고 해요.

남제주군 남원읍 한남리의 동수악 습지에는 난초과 식물이 많이 살고 있습니다. 동수악은 희귀 야생 난초인 여름새우난의 자생지이기도 합니다.

남제주군 남원읍 한남리의 사라오름과 북제주군 조천읍 교래리의 검은오름도 산지 습지인데, 습지식물이 많지 않은 편이에요.

줄점팔랑나비(왼쪽)와 암먹부전나비.

1100도로

제주도에서 가장 높은 곳에 위치한 도로인 1100도로는 겨울철 설경으로 유명하다. 1100도로는 한라산 남쪽과 북쪽을 잇는 횡단 도로로서 제주시와 중문을 거쳐 서귀포를 연결하고 있으며 천혜의 비경을 간직한 영실 입구와도 이어진다. 눈이 온 뒤에 피는 한라산 눈꽃은 보는 이로 하여금 탄성을 자아내게 하며 마음을 순화시켜 준다. 1100고지에서 어리목까지 걸어가면서 듣는 겨울 한라산의 깊은 숨소리와 주위 경치도 일품이다.

북제주군 구좌읍 하도리 습지는 갈대밭이 드넓게 펼쳐져 있어 여름 철새에게는 번식지, 겨울 철새에게는 서식지가 되고 있어요. 하도리 습지에는 멸종 위기 야생동식물인 노랑부리저어새(1급)와 잿빛개구리매(2급)를 비롯해 30여 종의 겨울 철새가 살고 있고, 북쪽이 바다와 접하고 있어 담수와 해수가 섞여 흐르므로 많은 생물이 서식합니다.

용수리저수지는 북제주군 한경면 용수리에 있는데, 수심이 1~2m이고 바닥이 뻘로 되어 있어 미꾸라지 같은 새들의 먹이가 많아 철새 도래지로 주목받고 있습니다.

남제주군 성산읍 오조리에 있는 성산포 갈대숲에는 해조류가 풍부하고 천연기념물인 노랑부리저어새를 포함하여 30여 종 3000여 마리가 서식하는 철새들의 낙원입니다.

한라산 백록담 북쪽에 있는 소백록담은 원시림 속에 감춰 진 산정 호수로 고산식물인 좀고체나무와 구상나무, 주목 들이 많고 가래, 곰취 따위도 살고 있다고 합니다.

맨 왼쪽부터 순서대로 붉은가슴밭종다리, 노랑부리백로(멸종 위기 야생동식물 1급), 왕눈물떼새, 흰꼬리좀도요.

바다와 육지의 징검다리

우리나라 연안습지

을숙도 갈대숲.

:: 자연 그대로 풍성한 갯벌

흑로는 암초 사이를 날아다니거나 그 위를 걷기도 합니다. 우리나라에서는 주로 제주도 해안가에서 관찰됩니다.

연안습지란 찬물때(만조) 물 높이와 지면이 만나는 경계선부터 간물때(간조) 경계선까지의 지역을 말합니다. 즉 썰물에 물이 빠져나가면서 드러나는 땅입니다. 흔히 갯벌이라고 부르는 곳이지요. 갯벌은 바닷가 넓은 벌판이라고 볼 수 있습니다. 모래 벌판도 있고 펄 벌판도 있고 모래와 펄이 뒤섞인 벌판도 있지요.

갯벌은 살아 있습니다. 바다를 지키는 방패인 갯벌은 각종 어패류를 길러내고 산란 장소를 제공하며 새들의 먹이 공급처가 되어 줍니다. 육지에는 오염물질을 정화시키는 자연의 정화조요, 어민들에겐 소중한 삶의 터전이며 학자들에겐 생태 연구장이고 청소년들에겐 자연학습장입니다.

그런데 세계 5대 갯벌 가운데 하나로 천혜의 자연경관을 간직하고 있는 우리나라 서해는 급격한 산업화가 진행되면서 크게 파괴되고 있습니다. 시화호 조성으로 450만 평(14.876km^2)의

환경을 극복하는 갯벌의 생물들

바다와 육지가 맞닿는 접점에 살고 있는 갯벌 생물들은 파랑과 폭우, 그리고 육상으로부터 흘러드는 담수를 비롯한 열악한 환경 조건을 극복하며 살아간다.

그들은 홍수가 일어나면 상류에서 운반된 토사에 의해 매립되고 매몰되어 산소 부족으로 죽음의 위기에 처하기도 한다.

여름철 간물때에는 높은 온도와 건조한 공기를 견뎌야 하고 겨울에는 심한 추위와 싸워야 한다.

따라서 갯벌은 열악한 환경 조건 때문에 내륙습지보다 대체로 종의 다양성이 낮은 편이다.

200년도 넘게 사는 붉은성게

바다에 사는 붉은성게(red sea urchin)는 지구상에 사는 최장수 동물 중 하나로 수명이 200년을 넘어선다.

미국 오리건 주립대학과 캘리포니아 주 로렌스 리버모어 국립연구소 연구팀의 조사 결과 붉은성게는 오래 살아도 나이든 표시가 거의 나지 않으며 정자와 난자의 활동도 왕성했다고 밝혔다.

연구팀은 100살 된 붉은성게가 10살 된 것과 비슷한 생존 능력과 번식력을 보여 주었다는 연구 결과를 내놓았다. 붉은성게의 성장률과 나이는 방사성동위원소를 이용해 조사했다고 한다.

갯벌이 사라지면서 우리는 조상 대대로 물려받은 황금어장을 잃었습니다. 새만금 간척사업으로 갯지렁이는 거의 사라졌고 새우류는 자취를 감춘 지 오래이며 바지락도 찾아보기 힘들어졌어요. 우리나라 최대의 철새 도래지(해안)인 천수만은 인근 2km 지점에 공군 비행장이 들어서면서 철새들의 서식지로서 큰 위협을 받고 있습니다. 천수만은 세계적인 철새도래지로 우리나라 철새 100여만 마리 가운데 50여만 마리가 월동한다고 합니다.

연안습지 보호지역 지정 현황

지역명	위 치	넓이(km²)	특 징	지정 일자
무안 갯벌	전남 무안군 해제면과 현경면 일대	35.59	생물 다양성 풍부, 지질학적 보전 가치	2001. 12.28
진도 갯벌	전남 진도군 군내면, 고군면 일원(신동 지역)	1.238	수려한 경관, 생물 다양성 풍부, 철새 도래지	2002. 12.28
순천만 갯벌	전남 순천시 별양면, 해룡면, 도사동 일대	28.0	흑두루미 서식 · 도래, 수려한 자연 경관	2003. 12.31
보성 벌교 갯벌	전남 보성군 호동리, 장양리, 영등리, 장암리, 대포리 일대	7.5	자연성 우수, 다양한 수산자원	2003. 12.31
옹진 장봉도 갯벌	인천 옹진군 장봉리 일대	68.4	희귀 철새 도래 · 서식, 생물 다양성 우수	2003. 12.31

* 2005년 현재 해양수산부 지정 5개 지역 140.728km²

우리나라는 1970년대 이후 빠른 속도로 산업화가 진행되어 갯벌을 매립하고 간척사업을 벌이면서 점차 습지가 훼손되거나 사라져 가고 있습니다.

1999년 습지보전법 제정과 함께 해양수산부는 연안습지를 효과적으로 보전하고 관리하기 위한 조사 연구에 들어갔습니다.

이어서 2001년 무안 갯벌을 시작으로 지금까지 5곳이 습지 보호지역으로 지정되었습니다.

우리나라에 있는 연안습지는 현재 총 면적이 2393.9km²인 것으로 보고되고 있는데, 대부분은 인천과 경기, 전남 지역 서해안에 분포합니다.

해양수산부 자료에 따르면 매립과 간척으로 1987년부터 1998년까지 810.5km^2의 갯벌이 사라졌다(25.3% 감소)고 합니다.

간척지나 삼각주 같은 바닷가 연안 습지에 주로 찾아드는 장다리물떼새. 붉은 분홍빛이 도는 긴 다리에 등쪽만 검은색이고 아래쪽은 흰색이어서 구별하기 쉬운데, 헤엄을 잘 치고 물속에서 개구리나 물고기, 곤충들을 잡아먹습니다.

:: 모래와 펄, 갯벌 나누기

갯벌은 크게 모래갯벌(안면도), 펄갯벌(강화도 남단), 모래펄갯벌(새만금 간척지)로 나눌 수 있습니다. 이 중에서도 펄갯벌은 모래펄, 암석펄, 진흙펄로 나뉩니다.

모래갯벌

모래갯벌은 바닥이 주로 모래질로 형성되어 있는 갯벌로, 여름에 사람들이 즐겨 찾는 모래사장이 대표적인 모래갯벌입니다. 동해안 모래갯벌은 그 폭이 서해안에 비해 좁지만 남북으로 광범위하게 잘 발달되어 있고, 서해안에서는 외해에 위치한 백령도 · 대청도 등지나 인천의 용유도 을왕리 해수욕장 중상위 지역에서 볼 수 있습니다.

펄갯벌

펄갯벌은 사질이 차지하는 비율이 10%를 넘지 않지만 반대로 펄 함량은 90%에 달하는 갯벌입니다. 우리나라에서는 밀물과 썰물의 차이가 크고 주변에 큰 강 하구가 많은 서해안에 많이 발달했는데, 특히 강화도 주변 갯벌이 대표적입니다.

펄갯벌에는 모래갯벌에 비할 때 갑각류나 조개류보다는 갯지렁이류가 많습니다.

우리나라 갯벌은 대부분 진흙펄입니다. 진흙펄은 모래펄보다 훨씬 고운 입자로 이루어져 있고 입자 사이의 간격도 매우 좁기 때문에 물이나 산소가 땅속까지 잘 들어가지 못합니다. 그래서

낙동강 하구 진우도에서 생태 체험을 하고 있는 학생들. 아래는 왼쪽부터 방게, 엽낭게, 칠게, 도둑게.

진흙펄 생물들은 자기만의 구멍을 만듭니다. 이때 구멍이 잘 무너지지 않도록 점액질 물질을 분비하면서 잘 다져 만들지요. 진흙펄에 사는 생물들은 이 구멍을 통해서 산소와 물, 그리고 물과 함께 들어온 유기물을 공급받습니다. 구멍을 파지 않는 생물들은 모래펄 생물들처럼 입 부위를 위로 내놓고 먹이를 먹습니다. 진흙펄에 사는 생물로는 칠게, 두도막눈썹참갯지렁이, 농게, 털콩게, 펄털콩게 들이 있습니다.

크고 작은 바위로 이루어져 있는 암석펄에 사는 생물들은 외부 환경에 많이 노출되어 있기 때문에 몸에서 석회질 같은 물질을 분비해 바위에 단단히 붙어 있습니다. 이끼, 미역, 김, 다시마 같은 바다식물이 암석에 붙어 있는 것을 보면 알 수 있습니다. 그렇지 않은 생물들은 이동할 수 있는 능력이 있습니다. 갯벌 생물들은 몸의 온도를 섭씨 40도 아래로 유지하지 못하면 죽고 맙니다. 따개비나 거북손, 굴 등의 몸이 하얀색이고 표면이 울퉁불퉁한 것은 햇빛에 노출된 상태에서 체온이 올라가는 것을 막기 위해서입니다. 흰색은 빛을 가장 잘 반사하는 색이고 울퉁불퉁한 표면은 빛을 잘 산란시킨다는 것을 이용한 것입니다.

암석펄에 사는 생물들은 물이 빠지면 체내를 외부와 차단해서 수분 손실을 막고, 물이 들어오면 껍데기 밖으로 몸을 내밀어 활동합니다. 굴, 홍합류, 이끼류, 김, 거북손, 따개비 들이 암석펄에서 삽니다.

세가락도요. 보통 도요새는 발가락이 4개인데 세가락도요는 3개라고 해서 '세가락'이라는 이름이 붙었습니다. 바닷물과 땅의 경계에서 파도를 피해가며 먹이를 찾습니다.

모래펄갯벌

모래펄갯벌은 혼성갯벌이라고도 하는데, 모래와 펄이 각각 90% 미만으로 섞여 있는 퇴적물로 구성된 갯벌입니다.

모래펄에는 암석펄처럼 부착 생물은 거의 없고, 이동하면서 사는 생물이 대부분입니다. 모래펄에 사는 생물들은 물에 휩쓸려 내려가지 않고 적으로부터 자신을 보호하기 위해 주로 모래 속에 파묻혀 지냅니다. 먹이를 먹을 때도 몸 전체를 모래 밖으로 드러내지 않고 입 부위만 내놓습니다. 모래펄에는 모래구멍갯지렁이, 나팔갯지렁이, 모래딱총새우, 조개, 게 들이 서식합니다.

갯벌은 어류를 생산하고 그 어류들이 서식하는 곳으로 기능합니다. 유기영양을 지속적으로 공급하여 다양한 생물이 서식하고 알에서 깬 지 얼마 되지 않은 어린 물고기(치어)들이 포식자의 위험으로부터 벗어나 안전한 성장을 할 수 있는 곳이기도 해요. 특히 다양한 갯벌 생물들이 지닌 유기물 분해 능력으로 오염물질을 정화시키고, 야생 조류에게는 서식 환경을 제공해 줍니다. 또한 여가 선용과 자연 학습을 위한 장소나 관광지로 활용되기도 하고 폭풍 같은 자연재해로 인한 피해를 줄이는 역할도 합니다.

연안습지는 기본적으로 자연 상태 그래도 유지시키면서 전통적인 생계형 갯벌로 이용할 수 있도록 보장하는 것이 무엇보다 중요합니다.

:: 우리나라 갯벌

우리나라 갯벌은 총 넓이가 2550km²로 전체의 44%는 전남 지역에 분포해 있습니다.

전북 지역에도 거대한 습지가 있었지만 새만금 간척사업으로 208km²가 사라져 지금은 113.6km²만 남아 있습니다. 이것은 전체 갯벌의 5%에 불과합니다.

우리나라 갯벌 현황

행정구역	넓이(㎢)	지방자치단체별 갯벌 넓이(㎢)
경기 · 인천	838.5(35%)	김포(49), 화성(82), 안산(5), 평택(18), 강화(340), 옹진(148), 중구(150), 서구(3), 연수구(44)
충남	304.2(13%)	당진(28), 서산(68), 태안(102), 홍성(10), 보령(33), 서천(63)
전북(새만금 제외)	113.6(5%)	군산(22), 부안(17), 고창(74)
전남	1054.1(44%)	영광(137), 무안(205), 목포(7), 신안(331), 진도(17), 해남(50), 완도(50), 고흥(111), 강진(89), 여천(66)
경남 · 부산	82.6(3%)	하동(14), 사천(19), 고성(5), 남해(17), 마산(3), 부산강서구(24)
계	2393.9(100%)	

* 2005년 해양수산부 조사 결과 습지 면적은 2393.9km²보다 조금 많은 2550km²로 확인되었습니다.

:: 낙동강 하구, 을숙도_ 동양 최대 철새 도래지

도꼬마리에 열매가 맺혀 있습니다. 열매에는 갈고리 모양의 가시와 짧은 털이 많아 다른 것에 잘 달라붙습니다.

경남과 부산 지역은 갯벌이 우리나라 전체에서 3% 정도로 매우 낮지만 낙동강 하구, 섬진강 하구 등지는 철새들의 중요한 서식지로 알려져 있습니다.

그러나 1987년 하구둑 건설에 뒤이은 서부산 개발 사업으로 명리, 신호, 녹산에 공업과 주거 단지가 들어서고 명지대교와 명지 주거 지역이 고층화되면서 철새 도래지로서의 앞날은 불안하기만 합니다.

독수리, 검독수리, 물수리, 흰꼬리수리 등 맹금류가 많이 날아들고 매, 재두루미, 저어새 등 멸종 위기 새들도 많이 찾아드는 곳입니다.

사천만, 진동만, 고성만 갯벌은 어패류 생산량이 많고 자연경관이 뛰어나며, 마산의 봉암 갯벌은 창원 공단이 조성되면서 큰 위협을 받고 있지만 생태학습장으로 활용되고 있습니다.

낙동강 하구는 먹이사슬이 잘 형성되어 있고 특히 물새가 많이 날아듭니다.

을숙도 갯벌.

1300리(521.5km)를 굽이쳐 흐르던 낙동강 물이 기나긴 여정을 끝내고 바다로 흘러드는 낙동강 하구에는 자연이 빚어낸 작품들이 많습니다. 끊임없이 흐르던 물길이 작은 모래섬들을 만들어 놓은 것입니다. 강물에 실려 온 모래는 언덕과 구릉을 만들어 커다란 모래톱을 형성했습니다.

강이 육지로 변한 섬에는 새들이 날아들고 게들도 이리저리 움직입니다. 뭍에서 바람을 타고 날아오거나 강물에 실려 온 씨앗들은 모래톱에 흩뿌려 짐으로써 초록의 생명을 틔웁니다. 홍수가 나면 섬이 물에 잠겨 뭍 생명들에게 영원한 안식처는 되지 않겠지만 보통 때에는 사람들의 발길이 닿지 않기 때문에 원시 그대로의 평화로운 낙원이 됩니다.

낙동강 하구의 모래갯벌에는 엽낭게들이 떼 지어 삽니다. 갯

벌에 수천 개에 달하는 구멍이 바로 이들의 집입니다. 게는 바닷물이 빠지면 집에서 나와 양 집게다리로 연신 먹이를 입으로 운반하는데, 게들의 행렬은 장관입니다.

엽낭게 외에도 하구에는 낙동강으로부터 풍부한 영양염류가 공급되어 맛조개, 바지락 들이 많이 살고, 가끔 숭어와 전어가 수면 위로 뛰어 오르는 모습도 볼 수 있습니다.

또한 하구역에는 풍부한 먹이 덕에 맹금류도 많이 살고 있습니다. 그래서 이곳에서는 황조롱이나 솔개가 사냥을 위해 정지 비행하는 모습을 목격할 수 있습니다.

낙동강 하구에서는 왕눈물떼새와 눈 위에 적동색 눈썹선이 있는 세가락도요와 꼬까도요도 관찰할 수 있습니다. 세가락도요는 병아리보다 두 배 정도 크며 파도를 피해 바닷물이 힘없이

바다비오리는 자맥질하고, 작은멋쟁이나비는 꽃 위에 앉아 한껏 날개를 폈네요. 좀처럼 땅 위로 내려오지 않는 귀제비는 역시나 전선에 앉아 있고, 남색초원하늘소는 엉겅퀴에서 짝짓기를 합니다.(사진 순서는 맨 왼쪽부터 차례대로)

9000종 조류, 왜 낮에 활동하나

새들은 대다수가 낮에 활동한다. 주로 낮에 날아다니며 먹이를 찾고 짝짓기를 하는 것이다.
그러나 포유류는 어느 정도는 야행 습성을 지니고 있다.
과학자들은 이에 대해 조류의 조상이었던 공룡들이 낮을 지배한 데 비해 모든 포유류는 밤 시간을 틈타 몰래 활동했기 때문이라고 추측한다. 즉 지나간 시절인 중생대의 유물이라는 것이다.
물론 조류도 일부는 보호색을 띠고 몸을 숨기는 특성이 있지만, 대부분은 밝은 색을 자랑하면서 탁 트인 하늘을 이동한다.

드나드는 조수선상에서 먹이를 찾습니다. 봄가을에 우리나라를 통과하는 나그네새인 꼬까도요는 낙동강 하구에서 부리를 이용해 장애물을 들추어 먹이를 잡습니다. 흰물떼새와 좀도요도 낙동강 하구의 진객입니다.

낙동강 하구는 1966년 7월 13일 문화재보호법에 따라 10만여 km^2가 문화재 천연기념물 179호로 지정되었고, 1982년에는 환경부가 을숙도와 주변 갯벌 $129km^2$를 연안 오염 특별 관리구역으로 정했습니다. 이어서 1987년과 88년 가덕도 주변과 을숙도 주변 해역 63km는 국토이용관리법에 의해 자연환경 보전지역으로 지정되었습니다.

또 1989년에는 부산시 사하구 신평동, 장림동, 다대동 해면지역으로부터 강서구 명지동 해면까지 $32km^2$가 자연환경보전법에 의해 생태계 보전 지역으로 지정되었고, 1999년 8월에는 내륙습지 보호지역(철새 도래지)으로 지정되는 등 우리나라에서 유일하게 5개 법으로 보호받고 있습니다.

낙동강 하구에는 동양 최대의 철새 도래지로 알려져 있는 을숙도가 있습니다.

거대한 삼각주인 을숙도는 사계절 내내 먹이가 풍부하고 겨울에도 물이 얼지 않는 데다 하구의 드넓은 갯벌과 우거진 갈대밭이 있어 철새들에게 좋은 쉼터이자 잠자리가 됩니다.

을숙도에는 강의 상류에서 영양물질이 많이 떠 내려와 이곳 생물들에게 풍부한 먹이를 제공해 줍니다. 눈에 보이지 않는 하등동물인 원생동물은 갯지렁이의 좋은 먹이가 되고, 갯지렁이는 붉은부리갈매기, 도요새, 물떼새 들의 먹이가 됩니다. 또 갈대숲과 수초들이 많아 물고기들이 다량 서식하면서 이들을 먹이로 하는 논병아리류와 오리류가 많이 있고, 오리류를 잡아먹

겨울 철새인 붉은부리갈매기입니다. 번식기에 사람이 다가가면 날아다니면서 크게 울고 때론 공격할 듯이 다가오기도 합니다.

는 수리류도 많이 찾아옵니다. 이처럼 먹이 형태인 먹이사슬이 가장 잘 형성된 곳이 바로 낙동강 하구입니다.

학자들에 의하면 낙동강 하구를 찾는 새의 99%는 물새류라고 합니다. 그중에서도 오리 종류가 제일 많고 다음으로 도요새, 물떼새, 논병아리, 가마우지, 백로, 갈매기 순으로 많다고 합니다.

그뿐만 아니라 맹금류인 수리와 매도 볼 수 있고 갈대밭에는 개개비와 뜸부기도 날아듭니다.

낙동강 하구역과 을숙도 주변은 두루미와 고니, 독수리, 황새, 저어새, 흰꼬리수리, 황조롱이 같은 희귀 철새들이 겨울을 납니다.

봄가을에는 나그네새인 도요와 물떼새가 이곳을 거쳐 지나가고 여름철에는 쇠제비갈매기와 쇠물닭이 집단을 이뤄 번식합니다.

매(왼쪽)는 작은 새를 잡아먹고 사는데, 이제는 전 세계적으로 보호해야 할 아주 희귀한 새가 되었습니다. 독수리보다 작고 단독생활을 합니다. 왕눈물떼새(오른쪽)는 둥지를 틀 때 땅을 오목하게 파서 만듭니다.

지구 생태계 제6의 멸종 단계

미국과 영국의 일부 과학자들은 지구 역사상 여섯 번째 생태계 대멸종이 진행 중이라는 학설을 내놓고 있다.

지구에서 발생한 가장 최근의 대멸종은 6300만 년 전 백악기에 발생한 공룡 멸종으로, 소행성과 지구 충돌이 그 원인으로 추정되고 있다. 이보다 앞선 네 차례의 생태계 대멸종은 1억 9800만 년 전, 2억 5000만 년 전, 3억 5700만 년 전, 4억 3500만 년 전에 일어났다고 한다. 각각 지구상에서 90%의 생물이 멸종됐다고 한다.

하구 갈대숲에는 개개비 수천 마리가 번식하고, 늪에는 쇠물닭이 자주 발견되곤 합니다.

낙동강 하구의 겨울 철새가 모여 있는 광경은 장관입니다. 오리류, 기러기류, 고니류, 가마우지류, 논병아리류, 갈매기류 수만 마리가 날아들어 철새나라를 이룹니다.

삼각주 주변 바닷물과 강물이 교차하고 수심이 얕은 갯벌이 넓게 형성돼 플랑크톤과 어패류 수서곤충 들이 많이 번식하는 생명의 보금자리, 낙동강 하구와 을숙도. 이곳에 서면 누구나 신선이 된 것처럼 느껴진다고 합니다.

:: 강화 갯벌 _ 세계적인 철새 이동 경로

천연기념물 361호인 노랑부리백로는 머리에 장식깃이 있습니다. 무리지어 생활하고 물속을 재빠르게 걸어다닙니다.

경기 · 인천 지역 갯벌은 넓이가 838.5km²로 우리나라 갯벌 전체의 3분의 1을 차지합니다.

수도권의 젖줄인 한강은 하류에서 임진강, 예성강과 합류해 서해로 갑니다. 한강 하구는 조석 간만의 차가 최고 9m까지 커 드넓은 갯벌이 생겼습니다.

해양수산부와 한국해양연구소에 따르면 강화도, 영종도, 시화호 주변의 갯벌은 철새가 많이 날아든다고 합니다.

천연기념물 419호로 지정된 강화 갯벌은 저어새 번식지로서 넓이가 여의도의 52.7배로 1억 3600만 평에 달해 단일 문화재 지정 구역으로는 최대 넓이입니다. 강화 남부 지역과 석모도, 볼음도 주변으로 산재해 있는 섬에 대규모 갯벌이 형성되어 있는데, 이곳은 철새의 이동 경로상에 있기 때문에 시베리아, 알래스카 지역에서 번식하는 새들이 일본, 호주, 뉴질랜드로 이동하는 도중 먹이를 먹고 휴식을 취하는 중간 주유소 역할을 합니다. 또한 세계적인 희귀종인 저어새가 번식하고 있어 이들을 보호하기 위해 천연기념물로 지정하였습니다.

저어새는 세계적인 희귀종으로 종(種) 자체를 천연기념물(제 205호)로 지정하여 보호하고 있는데, 2000년 1월 우리나라와 대만을 포함하여 동남아시아 6개국을 동시에 조사한 결과 전 세계에 660여 마리가 생존하고 있는 것으로 확인되었습니다.

또한 1999년 1월 홍콩과 대만에서 저어새 4마리의 몸에 위성항법장치(GPS)를 달아 이동 경로를 살펴본 결과, 같은 해 4월 모두 우리나라 서해의 민통선 지역으로 이동한 것이 확인되었

노랑부리저어새는 부리가 쟁기처럼 생겼습니다. 저어새류는 세계적인 희귀종으로, 우리나라에는 저어새(천연기념물 205-1호)와 노랑부리저어새(천연기념물 205-2호) 2종이 있어요.

습니다. 그리고 그해 7월에는 강화군 서도면 석도 · 비도에서 저어새가 집단 번식하는 것이 확인됨으로써 그동안 가능성만 추정되어 오던 우리나라 서해안이 저어새의 보호에 매우 중요한 지역으로 부각되었어요.

서해 무인도에 저어새가 번식하는 것은 이곳이 군사분계선과 인접한 민간인 출입 통제 구역인 이유로 사람을 비롯한 천적이 없고 썰물 때는 넓은 갯벌이 드러나 풍부한 먹이를 얻을 수

장다리물떼새는 희귀한 나그네새로 1998년 천수만에서 번식이 확인된 이후 지구 온난화로 인해 우리나라에서 많은 개체수가 확인되고 있습니다.

새들은 어떻게 먼 길을 알까

새들은 대륙과 바다를 가로질러 수만 km를 날아가도 본디 살던 곳으로 되돌아온다.
철새들이 길을 찾는 데는 태양과 별이라는 나침반 역할을 한다는 것이 지금까지 학계의 정설이었다. 그래서 별이 구름에 가려 보이지 않을 때는 보조 수단으로 지구자장을 이용하는 것으로 보고 있다. 그런데 1996년 독일 과학자들이 새의 나침반은 별이 아니라 지구자장임을 실험을 통해 밝혀냈다. 그들에 의하면 새들의 뇌 속에는 작은 자석이 있는데, 그것이 지구 자장과 같은 방향을 취함으로써 나침반 역할을 한다는 것이다.
하지만 이 실험도 모든 철새의 이동 능력을 설명하지는 못한다고 한다. 철새의 이동 능력은 아직까지 과학으로도 다 풀지 못하는 수수께끼다.

있기 때문인 것으로 알려져 있습니다.

이곳 갯벌에는 저어새뿐만 아니라 장다리물떼새, 노랑부리백로, 검은머리갈매기 같은 희귀종들이 찾아듭니다. 그러나 영종도, 삼목도, 용유도 사이에 있던 갯벌은 2000년대 들어 인천국제공항을 건설해 매립함으로써 사라져 버렸고, 김포 갯벌은 쓰레기 매립장으로 조성되어 이미 사라졌습니다.

인천 시가지와 멀지 않은 곳에는 송도 갯벌과 시흥 갯벌, 시화 갯벌, 화옹지구 갯벌, 남양 갯벌이 있는데, 이들도 이미 매립되었거나 간척사업이 진행되고 있어 안타까움을 더하고 있습니다. 이 가운데 시흥 갯벌은 염생식물과 염전이 아름다운 곳입니다.

:: 태안반도 _ 물 맑은 해상국립공원

아산만에서 천수만을 거쳐 장항으로 이어지는 충남 갯벌은 우리나라 전체 갯벌의 약 13%를 차지합니다.

국립공원으로 지정되어 있는 태안반도는 우리나라에서 가장 서쪽, 즉 외해 쪽으로 돌출돼 있어 물이 맑고 깨끗합니다. 태안반도에는 깊게 파인 아산만, 가로림만, 천수만이 있어 만 안쪽에 갯벌이 잘 발달해 있습니다.

모래 위를 걷고 있는 흰물떼새.

그런데 아산만의 갯벌들은 1970년대 중반에 완공된 아산 방조제와 삽교 방조제가 완공되면서 농지나 산업단지로 전환되었어요. 금강 하구에 위치한 장항과 서천 주변 갯벌은 큰 모래갯벌이지만 2005년 현재 간척과 매립사업이 진행되고 있습니다.

충남 지역 갯벌은 1990년대 후반까지 40% 정도가 사라졌습니다. 가로림만 갯벌이 거의 유일하게 만에 남은 대형 갯벌이라 할 수 있어요.

서해안 천수만 습지. 세계적인 철새 도래지로 우리나라에서 월동하는 철새 100만여 마리 중 50만여 마리가 월동합니다.

:: 전북과 전남, 그리고 간척사업

한때 우리나라에서 가장 광활하고 볼거리가 많은 곳이 전북 지역의 갯벌이었지만 새만금 간척사업이 진행되면서 점차 초라해져 이제는 우리나라 전체 갯벌의 5%만이 그 명맥을 이어가고 있습니다.

그러나 금강, 만경강, 동진강의 큰 강 하구에는 하구 갯벌들이 많습니다.

만경강·동진강 하구와 고군산 군도를 연결하는 새만금 간척사업은 2조 원이 넘는 돈을 투입하는 사업으로 자연 갯벌이 인간에 의해 어떻게 파괴되는지를 보여 줍니다.

새만금 지역은 수많은 조개류, 어류, 철새, 해변식물 들이 어우러져 장관을 이루었으나 이제는 볼 수 없게 되었습니다.

전남 지역에 있는 해안은 굴곡이 심하고 주변에 섬이 많아 아름다운 곳으로 유명합니다. 서해안과 남해안에 걸쳐 있으며

면적은 1054km^{2}로 전국의 44%를 차지하고 있어요.

서해안 영광군, 무안군, 신안군에 전남 갯벌의 거의 80%가 있으며 이 가운데서도 다도해를 끼고 있는 신안군에 가장 넓은 갯벌이 있습니다.

영산강 하구 주변에 있는 여러 갯벌들은 1982년부터 시작하여 전 지역을 간척할 예정이었는데, 2000년대 들어 농림부가 개발 사업을 포기하는 바람에 그나마 갯벌이 남아 있습니다.

해남 지역에도 만 안쪽에 낙지로 유명한 큰 갯벌이 있는데, 특히 순천만에 펼쳐진 갈대숲은 많은 이들의 시심(詩心)을 자극합니다. 철새 도래지로도 유명하고, 겨울 풍경이 유난히 아름답습니다.

갯벌을 걷고 있는 중백로(왼쪽)와 청다리도요. 중백로는 중대백로나 왜가리와 섞여서 번식하고 습성과 서식 환경도 비슷하지만 등우리는 좀 더 두껍게 틉니다.

:: 순천만 _ 칠면초 갯벌 가을, 흑두루미 겨울 비행

고흥반도와 여수반도 사이에 자리 잡고 있는 순천만은 갯벌 넓이가 200만 평(6.6km²)에 달합니다. 이 중에서 20만여 평을 차지하는 갈대밭은 순천만의 자랑입니다. 또한 1년에 일곱 번 색깔이 바뀐다고 하는 칠면초 군락지와 드넓은 갯벌은 원시의 모습을 고스란히 간직하고 있습니다. 육지에서 떠내려온 유기물과 토사, 바다에서 밀려오는 유기물이 뒤섞여 넓은 퇴적층이 형성된 순천만의 진귀한 식물은 칠면초입니다. 해거름 녘 하늘을 붉게 물들이는 노을과 칠면초가 어우러질 때면 순천만은 한 폭의 그림이 됩니다.

천연기념물 228호인 흑두루미는 전 세계에 1만여 마리만 남아 있습니다.

학자들에 따르면 겨울철 순천만에는 200여 종의 새가 날아든다고 합니다. 흑두루미, 황새, 저어새, 검은머리물떼새 등 천연기념물과 멸종 위기 동식물로 지정된 조류만도 20여 종에 이릅니다. 순천만 사람들은 흑두루미를 '두리'라고 부르는데, 서양에서는 이 새를 검은 수녀복을 입은 거룩한 수녀로 여겼다고 합니다.

천연기념물 228호인 흑두루미는 국제 희귀조 목록에 생존을 위협받는 새로 기록되어 있고 이제 전 세계에 1만여 마리만 남아 있다고 합니다. 여름철에는 시베리아에서 번식을 하고 겨울철은 한반도와 일본 열도에서 보냅니다.

순천만은 이렇게 흑두루미가 우리나라에서 유일하게 월동시

부리 색이 붉은 혹부리오리는 조개나 달팽이를 주로 먹는데, 머리를 물속에 처박고 먹이를 찾습니다.

로 머무는 곳이기도 하지만, 혹부리오리의 세계 최대 월동지이기도 하고, 검은머리갈매기의 국내 최대 월동지이기도 합니다. 2004년에는 동북아시아 두루미 네트워크 가입을 승인받았고 람사협약 습지 등록도 추진하고 있습니다.

광활한 갯벌의 조개류와 논밭의 낟알갱이는 새들에게 훌륭한 겨울 식량이 됩니다. 두루미가 좋아하는 염습지의 칠면초는 이곳 순천만 사람들이 '기진개'라고 부르기도 하는데, 사람의 키보다 훨씬 웃자라는 갈대숲과 함께 순천만의 명물입니다. 국내 최대의 갈대와 칠면초 군락지는 햇살의 기운에 따라 은빛, 금빛, 잿빛으로 채색되어 때마침 바람이 불어올 양이면 갈대숲과 칠면초가 일제히 흐느적거려 망망대해의 물결처럼 장엄합니다.

이 밖에 고흥반도에 자리한 득량만과 여자만에도 넓은 갯벌이 있습니다.

:: 갯벌, 687종 생물이 숨쉰다

메추라기도요(왼쪽)는 꽁지 끝이 뾰족한 쐐기 모양입니다. 좀도요는 습성이 민물도요와 비슷해 그 무리에 섞여 먹이를 찾기도 합니다.

우리나라 갯벌의 경제적 가치는 연간 10조 원에 육박하는 것으로 조사되었습니다.

해양수산부는 1999년부터 2005년 6월까지 전국 단위로 갯벌 조사를 벌인 결과 1ha당 갯벌의 연간 가치는 수산물 생산 1199

만 원, 여가 174만 원, 재해 예방 173만 원 등 모두 3919만원으로 조사되었습니다.

이를 우리나라 전체 갯벌(2550km²)에 적용하면 9조 9934억 원에 이른다고 합니다.

즉 우리나라 전체 갯벌 면적은 당국에 알려진 2393km²보다 조금 넓은 2550km²(남한 면적의 2.4%)로 조사되었습니다.

이것은 전자해도와 첨단지리정보시스템(GIS)를 사용해 측정한 결과입니다.

갯벌에 사는 생물은 모두 687종에 달했는데, 이 가운데 갯지렁이류가 228종으로 가장 많았고, 그 다음 순서대로 어류는 156종, 규도류는 117종, 기타 무척추동물은 68종, 염생식물은 28종, 바다새는 28종입니다.

:: 멸종 위기 야생동식물 1, 2급

멸종 위기 야생동식물은 야생동식물보호법에 따라 정합니다. 멸종 위기 야생동식물 1급 동식물은 자연적 또는 인위적인 위협 요인으로 개체수가 현저히 줄어들어 멸종 위기에 처한 야생동식물을 말합니다.

또 2급 동식물은 지금의 위협 요인이 제거되거나 완화되지 않을 경우 가까운 장래에 멸종 위기에 처할 우려가 있는 야생동식물을 말합니다.

환경부가 지정한 멸종 위기 야생동식물은 2005년 현재 221종으로, 이 가운데 포유류 22종, 조류 61종, 양서류 및 파충류 6종, 어류 18종, 곤충류 20종, 무척추동물 29종, 식물 64종, 해조류 1종입니다. 만약 이들을 포획하거나 채취, 방사, 이식, 가공, 유통, 보관, 수출, 수입, 반출, 반입, 훼손하거나 고사시킬 경우 처벌을 받습니다.

1. 포유류

가. 멸종 위기 1급

번호	종명
1	늑대 *Canis lupus coreanus*
2	대륙사슴 *Cervus nippon hortulorum*
3	바다사자 *Zalophus californianus japonica*
4	반달가슴곰 *Ursus thibetanus ussuricus*
5	붉은박쥐 *Myotis formosus chofukusei*
6	사향노루 *Moschus moschiferus parvipes*
7	산양 *Naemorhedus caudatus*
8	수달 *Lutra lutra*
9	시라소니 *Lynx lynx*
10	여우 *Vulpes vulpus peculiosa*
11	표범 *Panthera pardus orientalis*
12	호랑이 *Panthera tigris altaica*

나. 멸종 위기 2급

번호	종명
1	담비 *Martes flavigula*
2	무산쇠족제비 *Mustela nivalis*
3	물개 *Callorhinus ursinus*
4	물범 *Phoca largha*
5	물범류 *Phoca spp.*
6	삵 *Prionailurus bengalensis*
7	작은관코박쥐 *Murina ussuriensis*
8	큰바다사자 *Eumetopias jubatus*
9	토끼박쥐 *Plecotus auritus*
10	하늘다람쥐 *Pteromys volans aluco*

2. 조류

가. 멸종 위기 1급

번호	종명
1	검독수리 *Aquila chrysaetos*
2	넓적부리도요 *Eurynorhynchus pygmeus*
3	노랑부리백로 *Egretta europhotes*
4	노랑부리저어새 *Platalea leucorodia*
5	두루미 *Grus japonensis*
6	매 *Falco peregrinus*
7	저어새 *Platalea minor*
8	참수리 *Haliaeetus pelagicus*
9	청다리도요사촌 *Tringa guttifer*
10	크낙새 *Dryocopus javensis*
11	혹고니 *Cygnus olor*
12	황새 *Ciconia boyciana*
13	흰꼬리수리 *Haliaeetus albicilla*

나. 멸종 위기 2급

번호	종명
1	가창오리 *Anas formosa*
2	개구리매 *Circus aeruginosus*
3	개리 Anser *cygnoides*
4	검은머리갈매기 *Larus saundersi*
5	검은머리물떼새 *Haematopus ostralegus*
6	검은목두루미 *Grus grus*
7	고니 *Cygnus columbianus*
8	긴점박이올빼미 *Strix uralensis*
9	까막딱다구리 *Dryocopus martius*
10	느시 *Otis tarda*
11	독수리 *Aegypius monachus*
12	뜸부기 *Gallicrex cinerea*

13	말똥가리 *Buteo buteo*
14	먹황새 *Ciconia nigra*
15	물수리 *Pandion haliaetus*
16	벌매 *Pernis ptilorhychus*
17	붉은가슴흰죽지 *Aythya baeri*
18	붉은해오라기 *Gorsachius goisagi*
19	검은목두루미 *Grus grus*
20	고니 *Cygnus columbianus*
21	뿔종다리 *Galerida cristata*
22	삼광조 *Terpsiphone atrocaudata*
23	새홀리기 *Falco subbuteo*
24	솔개 *Milvus lineatus*
25	쇠황조롱이 *Falco columbarius*
26	수리부엉이 *Bubo bubo*
27	시베리아흰두루미 *Grus leucogeranus*
28	알락개구리매 *Circus melanoleucus*
29	알락꼬리마도요 *Numenius madagascariensis*
30	올빼미 *Strix aluco*
31	재두루미 *Grus vipio*
32	잿빛개구리매 *Circus cyaneus*
33	적호갈매기 *Larus relictus*
34	조롱이 *Accipiter gularis*
35	참매 *Accipiter gentilis*
36	큰고니 *Cygnus cygnus*
37	큰기러기 *Anser fabalis*
38	큰덤불해오라기 *Ixobrychus eurhythmus*
39	큰말똥가리 *Buteo hemilasius*
40	털발말똥가리 *Buteo lagopus*
41	팔색조 *Pitta nympha*
42	항라머리검독수리 *Aquila clanga*
43	호사비오리 *Mergus squamatus*
44	흑기러기 *Branta bernicla*
45	흑두루미 *Grus monacha*
46	흰목물떼새 *Charadrius placidus*
47	흰이마기러기 *Anser erythropus*
48	흰죽지수리 *Aquila heliaca*

3. 양서 · 파충류

가. 멸종 위기 1급

번호	종명
1	구렁이 *Elaphe schrenckii*

나. 멸종 위기 2급

번호	종명
1	금개구리 *Rana plancyi*
2	남생이 *Chinemys reevesii*
3	맹꽁이 *Kaloula borealis*
4	비바리뱀 *Sibynophis collaris*
5	표범장지뱀 *Eremias argus*

4. 어류

가. 멸종 위기 1급

번호	종명
1	감돌고기 *Pseudopungtungia nigra*
2	꼬치동자개 *Pseudobagrus brevicorpus*
3	미호종개 *Iksookimia choii*
4	얼룩새코미꾸리 *Koreocobitis naktongensis*
5	퉁사리 *Liobagrus obesus*
6	흰수마자 *Gobiobotia naktongensis*

나. 멸종 위기 2급

번호	종명
1	가는돌고기 *Pseudopungtungia tenuicorpa*
2	가시고기 *Pungitius sinensis*
3	꾸구리 *Gobiobotia macrocephala*
4	다묵장어 *Lampetra reissneri*
5	돌상어 *Gobiobotia brevibarba*
6	둑중개 *Cottus poecilopus*
7	모래주사 *Microphysogobio koreensis*
8	묵납자루 *Acheilognathus signifer*
9	임실납자루 *Acheilognathus somjinensis*
10	잔가시고기 *Pungitius kaibarae*
11	칠성장어 *Lampetra japonica*
12	한둑중개 *Cottus hangiongensis*

5. 곤충류

가. 멸종 위기 1급

1	두점박이사슴벌레 *Metopodontus blanchardi*
2	산굴뚝나비 *Eumenis autonoe*
3	상제나비 *Aporia crataegi*
4	수염풍뎅이 *Polyphylla laticollis manchurica*
5	장수하늘소 *Callipogon relictus*

나. 멸종 위기 2급

번호	종명
1	고려집게벌레 *Challia fletcheri*
2	깊은산부전나비 *Protantigius superans*
3	꼬마잠자리 *Nannophya pygmaea*
4	닻무늬길앞잡이 *Cicindela anchoralis punctatissima*
5	멋조롱박딱정벌레 *Damaster mirabilissimus mirabilissimus*
6	물장군 *Lethocerus deyrollei*
7	붉은점모시나비 *Parnassius bremeri*
8	비단벌레 *Chrysochroa fulgidissima*
9	소똥구리 *Gymnopleurus mopsus*
10	쌍꼬리부전나비 *Spindasis takanonis*
11	애기뿔소똥구리 *Copris tripartitus*
12	왕은점표범나비 *Fabriciana nerippe*
13	울도하늘소 *Psacothea hilaris*
14	주홍길앞잡이 *Cicindela hybrida nitida*
15	큰자색호랑꽃무지 *Osmoderma opicum*

6. 무척추동물

가. 멸종 위기 1급

번호	종명
1	귀이빨대칭이 *Cristaria plicata*
2	나팔고둥 *Charonia sauliae*
3	남방방게 *Helice leachi*
4	두드럭조개 *Lamprotula coreana*
5	칼세오리옆새우 *Gammarus zeongogensis*

나. 멸종 위기 2급

번호	종명
1	갯게 *Chasmagnathus convexus*
2	검붉은수지맨드라미 *Dendronephthya suensoni*
3	기수갈고둥 *Clithon retropictus*
4	긴꼬리투구새우 *Triops longicaudatus*
5	깃산호 *Plumarella spinosa*
6	대추귀고둥 *Ellobium chinense*
7	둔한진총산호 *Euplexaura crassa*
8	망상맵시산호 *Plexauroidea reticulata*
9	밤수지맨드라미 *Dendronephthya castanea*
10	별혹산호 *Verrucella stellata*
11	붉은발말똥게 *Sesarma intermedium*
12	선침거미불가사리 *Ophiacantha linea*
13	연수지맨드라미 *Dendronephthya mollis*
14	유착나무돌산호 *Dendrophyllia cribrosa*
15	의염통성게 *Pseudomaretia alta*
16	자색수지맨드라미 *Dendronephthya putteri*
17	잔가지나무돌산호 *Dendrophyllia micranthus*
18	장수삿갓조개 *Scelidotoma vadososinuata hoonsooi*
19	진홍나팔돌산호 *Tubastraea coccinea*
20	착생깃산호 *Plumarella adhaerans*
21	참달팽이 *Koreanohadra koreana*
22	측맵시산호 *Plexauroidea complexa*
23	해송 *Antipathes japonica*
24	흰수지맨드라미 *Dendronephthya alba*

7. 육상 식물

(국립수목원과 한국식물분류학회가 공동 작성한 "국가식물표준목록"에 의거, 조정)

가. 멸종 위기 1급

번호	종명
1	광릉요강꽃 *Cypripedium japonicum*
2	나도풍란 *Aerides japonicum*
3	만년콩 *Euchresta japonica*
4	섬개야광나무 *Cotoneaster wilsonii*
5	암매 *Diapensia lapponica var. obovata* * 돌매화나무 *
6	죽백란 *Cymbidium lancifolium*
7	풍란 *Neofinetia falcata*
8	한란 *Cymbidium kanran*

나. 멸종 위기 2급

번호	종명
1	가시연꽃 *Euryale ferox*
2	가시오갈피나무 *Eleutherococcus senticosus*
3	개가시나무 *Quercus gilva*
4	개느삼 *Echinosophora koreensis*
5	개병풍 *Astilboides tabularis*
6	갯대추 *Paliurus ramosissimus*
7	기생꽃 *Trientalis europaea var. arctica*
8	깽깽이풀 *Jeffersonia dubia*
9	끈끈이귀개 *Drosera peltata var. nipponica*
10	나도승마 *Kirengeshoma koreana*
11	노랑만병초 *Rhododendron aureum*
12	노랑무늬붓꽃 *Iris odaesanensis*
13	노랑붓꽃 *Iris koreana*
14	단양쑥부쟁이 *Aster altaicus var. uchiyamae*
15	대청부채 *Iris dichotoma*
16	대흥란 *Cymbidium macrorrhizum*

번호	종명
17	독미나리 *Cicuta virosa*
18	둥근잎꿩의비름 *Hylotelephium ussuriense*
19	망개나무 *Berchemia berchemiaefolia*
20	매화마름 *Ranunculus kazusensis*
21	무주나무 *Lasianthus japonicus*
22	물부추 *Isoetes japonica*
23	미선나무 *Abeliophyllum distichum*
24	박달목서 *Osmanthus insularis*
25	백부자 *Aconitum koreanum* * 노랑돌쩌귀*
26	백운란 *Vexillabium yakushimensis*
27	산작약 *Paeonia obovata*
28	삼백초 *Saururus chinensis*
29	선제비꽃 *Viola raddeana*
30	섬시호 *Bupleurum latissimum*
31	섬현삼 *Scrophularia takesimensis*
32	세뿔투구꽃 *Aconitum austrokoreense*
33	솔나리 *Lilium cernuum*
34	솔잎란 *Psilotum nudum*
35	솜다리 *Leontopodium coreanum*
36	순채 *Brasenia schreberi*
37	애기등 *Milletia japonica*
38	연잎꿩의다리 *Thalictrum coreanum*
39	왕제비꽃 *Viola websteri*
40	으름난초 *Galeola septentrionalis*
41	자주땅귀개 *Utricularia yakusimensis*
42	자주솜대 *Smilacina bicolor*
43	제주고사리삼 *Mankyua chejuense*
44	조름나물 *Menyanthes trifoliata*
45	죽절초 *Sarcandra glabra*
46	지네발란 *Sarcanthus scolopendrifolius*
47	진노랑상사화 *Lycoris chinensis var. sinuolata*
48	층층둥글레 *Polygonatum stenophyllum*
49	큰연령초 *Yrillium tschonoskii*

번호	종명
50	털복주머니란 *Cypripedium guttatum* * 털개불알꽃 *
51	파초일엽 *Asplenium antiquum*
52	한계령풀 *Leontice microrrhyncha*
53	홍월귤 *Arctous ruber*
54	황근 *Hibiscus hamabo*
55	황기 *Astragalus membranaceus*
56	히어리 *Corylopsis gotoana var. coreana*

8. 해조류

가. 멸종 위기 2급

번호	종명
1	삼나무말 *Coccophora langsdorfii*

:: 습지와 관련된 인터넷 웹사이트

국가습지보전사업관리단 http://www.koreawetland.org

그린피스 http://www.greenpeace.org

녹색소비자연대 http://gcn.or.kr

녹색연합 http://www.greenkorea.org

백두대간보전회 http://www.baekdudaegan.or.kr

사이버 주남 http://www.junam.com

생명의 숲 http://www.forest.or.kr

습지와 새들의 친구 http://www.wbk.or.kr

우리나라의 습지식물 http://greenzone.wo.to

임진강 탐사대 http://www.landpeace.com

푸른우포사람들 http://www.woopoman.co.kr

풀꽃세상을 위한 모임 http://www.fulssi.or.kr

한국동물학회 http://www.zsk.or.kr

한국해양연구원 http://www.kordi.re.kr

환경과 생명 http://www.greenera.or.kr

환경운동연합 http://www.kfem.or.kr

환경정의 http://www.eco.or.kr

환경정책회의 http://www.env.or.kr